U0148051

中式
乙級技能檢定
麵食加工

學／術科教戰指南

酥油皮麵類
糕漿皮麵類

編者

蔡明燕、王俊勝
吳森澤、吳佩霖

協製團隊：邱巧萍、廖芳瑄、高佳誼、林姿妘、陳思均、陳郁蓁、張珮綺、詹子儀、劉韋政、李可妮

序言

　　在政府政策推廣及從業人員的自我要求、提升之下，不論是飯店內中點房、飲茶茶餐廳或是早餐店等，「中式麵食加工技術士」的專業證照已成為專業從業人員必備之基本要件。擁有一張「中式麵食加工技術士」的專業證照，就等於對未來就業求職、獨立開店，多了一份保障。

　　政府所舉辦的數種餐飲證照檢定中，中式麵食加工技術是最多元，包含了：水調麵類－冷水麵食、燙麵食、燒餅類麵食；發麵類－發酵麵食、發粉麵食、油炸麵食；酥油皮麵類；糕漿皮麵類等等。考試同時製作兩項產品的檢定過程中，各項操作程序是否安排妥當、工作時間控管，皆環環相扣，馬虎不得。

　　本書《中式麵食加工乙級技能檢定學／術科教戰指南》－酥油皮麵類、糕漿皮麵類，依據勞動部勞動力發展署技能檢定中心提供之最新中式麵食加工乙級技能檢定資料，再結合作者豐富的教學經驗編寫而成，全書詳細圖文解說，讓讀者瞭解該產品的製作技巧。並將考前報名需知、考場規則、評審評分製作衛生要求、參考配方表表格、與計分項目等相關資料列入本書中，並增添配方表製作範例，方便考生預先做好應考準備，順利應試過關。

　　此外，本書主要訴求，將製作報告表中之製程以流程圖方式呈現，除清楚表達製程外，並簡化書寫程序，期使讀者能更清楚瞭解製程。本書出版力求完美，但恐仍有誤植、疏漏或是技能檢定中心更新資料，請諸位先進再不吝指正，是所為禱。

編著者 謹識

編者簡介

編著

蔡明燕

現職

健行科技大學餐旅管理系專業技術講師

證照

中式麵食加工－酥油皮、糕漿皮類－乙、丙級－勞動部

中式麵食加工－發麵類－乙、丙級－勞動部

中式麵食加工－水調和麵類－乙、丙級－勞動部

中餐烹調－素食－乙、丙級－勞動部

烘焙食品－西點蛋糕麵包－乙級－勞動部

烘焙食品－麵包－丙級－勞動部

中餐烹調－葷素食－丙級－勞動部

中式米食加工－米粒、米漿型－丙級－勞動部

西餐烹調－丙級－勞動部

調酒－丙級－勞動部

門市服務－丙級－勞動部

王俊勝

現職
弘光科技大學食品科技系講師兼紅師父烘焙實習工廠
廠長

證照
中式麵食加工－酥油皮、糕漿皮類－乙、丙級
烘焙食品－西點蛋糕麵包－乙級
烘焙食品－麵包－丙級
烘焙食品－西點蛋糕－丙級
烘焙食品－餅乾－丙級
中式米食加工－米粒、米漿類－丙級
中式米食加工－米粒、一般漿糰類－丙級

吳森澤

現職

龍德家商餐飲科－兼任教師

君毅高中餐飲科－兼任教師

經歷

龍德家商－實習組長

龍德家商餐飲科－科主任

日南國中餐飲社－指導老師

彰化芳苑社區地方特色商品開發計畫－講師

Huku 幸福食上創意料理－副主廚

玫瑰夫人－副主廚。

專業證照

烘焙食品－麵包－丙級－ 077-040548

中餐烹調－葷食－丙級－ 076-267806

中式米食加工－米粒類、米漿型－丙級－ 095-008238

中式麵食加工－酥（皮）、糕（漿）皮類－丙級－ 096-032986

調酒－丙級－ 150-021921

餐旅服務－丙級－ 131-001852

中式麵食加工－酥（皮）、糕（漿）皮類－乙級 096-004277

吳佩霖

現職

中華專業技能訓練協會 課程委員主委

目錄

PART 01 中式麵食加工乙級術科測試應檢須知 01

PART 02 中式麵食加工乙級術科基礎實務 39

PART 03　中式麵食加工乙級術科測試試題　51

PART 04　中式麵食加工乙級技能檢定學科試題　179

Part 01

中式麵食加工
乙級術科
測試應檢須知

1-1 一般性應檢須知

※（本應檢須知可攜帶至術科測試考場）

（一）依「技術士技能檢定作業及試場規則－第 38 條」術科測試以實作方式之應檢人應按時進場、測試時間開始後十五分鐘尚未進場者，不准進場；以分節或分站方式為之者，除第一節（站）之應檢人外，應準時進場，逾時不准入場應檢。

（二）依「技術士技能檢定作業及試場規則－第 39 條」術科測試應檢人進入術科測試試場時，應出示准考證、術科測試通知單、身分證明文件及自備工具接受監評人員檢查，未規定之器材、配件、圖說、行動電話、呼叫器或其他電子通訊攝錄器材及物品等，不得隨身攜帶進場。本職類應檢人需穿著白色工作衣、工作長褲、工作帽、平底工作鞋（腳趾、腳跟不可外露），未依規定穿著者，不得進場應試，術科成績以不及格論。應檢人於報到前，不可拆除之手鐲，應包紮妥當。

（三）依「技術士技能檢定作業及試場規則－第 40 條」術科測試應檢人應按其檢定位置號碼就檢定崗位，並應將准考證、術科測試通知單及國民身分證置於指定位置，以備核對。

（四）依「技術士技能檢定作業及試場規則－第 40 條」應檢人對術科測試辦理單位提供之機具設備、材料，如有疑義，應即時當場提出，由監評人員立即處理，測試開始後，不得再提出疑義。

（五）依「技術士技能檢定作業及試場規則－第 41 條」術科測試應檢人應遵守監評人員現場講解之規定事項。

（六）依「技術士技能檢定作業及試場規則－第 42 條」術科測試時間之開始與停止，以測試辦理單位或監評人員之通知為準，應檢人不得自行提前或延後。

（七）依「技術士技能檢定作業及試場規則－第 43 條」術科測試應檢人操作機具設備應注意安全。

（八）依「技術士技能檢定作業及試場規則－第 44 條」術科測試之機具設備因應檢人操作疏失致故障者，應檢人須自行排除，不另加給測試時間。

（九）依「技術士技能檢定作業及試場規則－第 45 條」術科測試應檢人應妥善操作機具設備，有故意損壞者，應負賠償責任。

（十）依「技術士技能檢定作業及試場規則－第 46 條」術科測試應檢人於測試期間之休息時段，其自備工具及工件之處置，悉依監評人員之指示辦理。

（圭）依「技術士技能檢定作業及試場規則－第 47 條」術科測試應檢人應於測試結束後，將應繳回之成品、工件等繳交監評人員。中途離場者亦同。繳件出場後，不得再進場。

（生）依「技術士技能檢定作業及試場規則－第 48 條」應檢人於術科測試前或術科測試進行中，有下列各款情事之一者，取消其應檢資格，予以扣考，不得繼續應檢：

1. 冒名頂替。

2. 持用偽造或變造之應檢證件。

應檢人於術科測試前或術科測試進行中，有下列各款情事之一者，予以扣考，不得繼續應檢，其術科測試成績以不及格論：

1. 傳遞資料或信號。

2. 協助他人或託他人代為測試。

3. 互換工件或圖說。

4. 隨身攜帶成品或試題規定以外之工具、器材、配件、圖說、行動電話、穿戴式裝置或其他具資訊傳輸、感應、拍攝、記錄功能之器材及設備或其他與測試無關之物品等。

5. 故意損壞機具、設備。

6. 未遵守本規則，不接受監評人員勸導，擾亂試場內外秩序。

術科測試應檢人有下列各款情事之一者，其術科測試成績以不及格論：

1. 不繳交工件、圖說或依規定須繳回之試題。

2. 自備工具、工件及相關物品之處置，未依監評人員之指示辦理。

3. 違反第二十三條規定。

4. 明知監評人員未依第二十七條規定迴避而繼續應檢。

　　術科測試結束後，發現應檢人有第一項或第二項各款所定情事之一者，其術科測試成績以不及格論。

基於食品安全衛生及專業形象考量，本職類有關制服之規定，依據技術士技能檢定作業及試題規則第 39 條規定「依規定須穿著制服之職類，未依規定穿著者，不得進場應試。」之規定辦理，術科成績以**不及格**論。

一、帽子

1. 帽子：帽子需將頭髮及髮根完全
　　　　包住，須附網。
2. 顏色：白色。

二、上衣

1. 領型：小立領、國民領、襯衫領皆可。
2. 顏色：白色。
3. 袖口不可有鈕扣。

三、圍裙（不可有口袋）

1. 型式不拘：全身或下半身圍裙皆可。
2. 長度：及膝。
3. 顏色：白色。

四、長褲（不得穿牛仔褲、運動褲、緊身褲）

1. 型式：寬鬆直筒褲、長度至踝關節。
2. 顏色：素面白色、黑色。
3. 口袋：需用圍裙覆蓋不可外露。

五、鞋（前腳趾與後腳跟不能外露）

1. 鞋型：包鞋、皮鞋、球鞋、平底工作鞋皆可。
2. 顏色：不拘。
3. 內須著襪（襪子長度須超過腳踝）。
4. 具防滑效果。

備註：帽、衣、褲、圍裙等材質須為棉或混紡。

1-2 專業性應檢須知

（一）考試時擅自更改試題內容，並以試前取得測試場地同意為由，執意製作者，將以「非抽籤的題組與考題」處理，成績以 0 分計。

（二）應檢人不得攜帶規定項目以外之任何資料、工具、器材進入考場，違者以 0 分計。

（三）應檢人需在 6 小時內完成產品製作、製作報告表及清潔工作，檢定結束離場前需經服務人員點收與檢查機具，於「製作報告表（二）」上註記出場核可章，並在准考證術科欄上戳記到場證明章後始得出場。

（四）應檢人應正確操作機具，如有損壞，應負賠償責任。

（五）應檢人對於機具操作應注意安全，如發生意外傷害，自負一切責任。

（六）檢定進行中如遇有停電、空襲警報或其他事故，悉聽監評人員指示辦理。

（七）檢定進行中，應檢人因其疏忽或過失而致機具故障，不另加給時間。

（八）檢定中，如於中午休息後下午須繼續進行或翌日須繼續進行，其自備工具及工作之裝置，悉依監評人員之指示辦理。

（九）檢定結束離場時，應檢人應將識別證、簽註時間姓名之製作報告表與產品，送監評處才可離開考場。

（十）檢定時間視考題而定，提前交件不予加分。

（十一）試場內外如發現有擾亂考試秩序，或影響考試信譽等情事，其情節重大者，得移送法辦。

（十二）評分項目包括：工作態度與衛生習慣、製作技術、產品品質等三大項，若任何一大項扣 41 分以上，即視為不及格，術科測試每項考一種以上產品時，每種產品均需及格。

（十三）其他未盡事宜，除依試場規則辦理及遵守檢定場中之補充規定外，並由各該考區負責人處理之。

（十四）其他規定，現場說明。

（十五）一般性自備工具參考：計算機、計時器、空白標貼紙、文具、尺、廚房或擦拭用紙巾、衛生手套、口罩。

（十六）入場時只可攜入「製作報告表（一）、（二）」及「材料單價表」，用於入場前制定配方參考之「自訂參考配方表」，不可攜入考場。

（十七）中式麵食加工乙級術科測試，每人每次須自下列中式麵食加工製品中，自行勾選【選項類別】一項：

【水調麵類】共三分項 (A.B.C.)，每分項指定一種製品測驗，共三種製品。

【發麵類】共三分項 (D.E.F.)，每分項指定一種製品測驗，共三種製品。

【酥油皮類、糕漿皮類】共二分項 (G.H.)，指定分項 G 二種、H 一種製品測驗，共三種製品。

※ 指定測試之製品均非自選，經檢定合格後，證書上即註明所選類項的名稱。

選項表			
勾選項	選項類別	分項編號	分項名稱
	水調麵類	A	冷水麵食
		B	燙麵食
		C	燒餅類麵食
	發麵類	D	發酵麵食
		E	發粉麵食
		F	油炸麵食
	酥油皮類	G	酥油皮麵食
	糕漿皮類	H	糕漿皮麵食

（十八）術科測試配題方法：

1. 抽題辦法：

(1) 術科測試辦理單位有二個以上合格場地同時辦理測試時，則試題組應一致。

(2) 依時間配當表準時辦理抽籤，並依抽籤結果進行測試，遲到者或缺席者不得有異議。每場次抽題結果，應詳實登錄於抽題紀錄表，並保留以供備查。

(3) 抽題方法與抽題紀錄表如下：當場次出席之應檢人中術科測試編號最小號為應檢代表。

籤次	抽籤人	說明	中籤號碼	
第1次	應檢代表	抽A、B組 （抽出為代碼1：單號A組／雙號B組、代碼2則為單號B組／雙號A組）	單號 組	雙號 組
第2次	應檢代表	抽配題組合（共三組） （抽出之組合為當天同一考項）	第_____組	
第3次	監評長	抽製作數量	A、D、G試題之製作數量為_____ B、E、G試題之製作數量為_____ C、F、H試題之製作數量為_____	

日期：

監評長：　　　　　　　　應檢代表：

註：本表抽題後需公布在考場內。

2. 配題組合：

(1) 依應檢人勾選之選項，抽測下列試題組合。

(2) 測試時間6小時（包含製作報告表填寫、產品製作及清潔工作等）。

(3) 測試試題組合：

水調麵類 共三分項 (A.B.C.)，每分項指定一種製品測驗，共三種製品。		
A. 冷水麵食	B. 燙麵食	C. 燒餅類麵食
01A. 乾麵條 02A. 油麵 03A. 水餃 04A. 鍋貼 05A. 餛飩	01B. 蒸餃 02B. 蔥油餅 03B. 韭菜盒子 04B. 四喜燒賣 05B. 菜肉餡餅	01C. 芝麻燒餅 02C. 香酥燒餅 03C. 蘿蔔絲酥餅 04C. 糖鼓燒餅 05C. 蔥脂燒餅

發麵類 共三分項 (D.E.F.)，每分項指定一種製品測驗，共三種製品。		
D. 發酵麵食	E. 發粉麵食	F. 油炸麵食
01D. 銀絲捲 02D. 叉燒包 03D. 水煎包 04D. 小籠包 05D. 花捲	01E. 蒸蛋糕 02E. 馬拉糕 03E. 黑糖糕 04E. 發糕 05E. 夾心鹹蛋糕	01F. 糖麻花 02F. 兩相好 03F. 油條 04F. 蓮花酥 05F. 千層酥

酥油皮類、糕漿皮類 共二分項 (G.H.)，指定分項 G 二種、H 一種製品測驗，共三種製品。			
G. 酥油皮麵食		H. 糕漿皮麵食	
01G. 老婆餅 02G. 椰蓉酥 03G. 太陽餅 04G. 咖哩餃 05G. 芝麻喜餅	06G. 泡（椪）餅 07G. 蘇式椒鹽月餅 08G. 白豆沙月餅 09G. 油皮蛋塔 10G. 蒜蓉酥	01H. 酥皮蛋塔 02H. 龍鳳喜餅 03H. 台式椰蓉月餅 04H. 酥皮椰塔 05H. 金露酥	

(4) 試題組合：

自選項	單雙組合	A 組		
	配題組合	第 1 組	第 2 組	第 3 組
	分項名稱	試題名稱	試題名稱	試題名稱
水調麵類	冷水麵食	01A. 乾麵條	02A. 油麵	03A. 水餃
	燙麵食	01B. 蒸餃	04B. 四喜燒賣	02B. 蔥油餅
	燒餅麵食	03C. 蘿蔔絲酥餅	04C. 糖鼓燒餅	02C. 香酥燒餅
發麵類	發酵麵食	02D. 叉燒包	05D. 花捲	03D. 水煎包
	發粉麵食	01E. 蒸蛋糕	02E. 馬拉糕	03E. 黑糖糕
	油炸麵食	01F. 糖麻花	02F. 兩相好	03F. 油條
酥油皮、糕漿皮類	酥油皮麵食	01G. 老婆餅	02G. 椰蓉酥	03G. 太陽餅
	酥油皮麵食	07G. 蘇式椒鹽月餅	06G. 泡（椪）餅	08G. 白豆沙月餅
	糕漿皮麵食	01H. 酥皮蛋塔	02H. 龍鳳喜餅	05H. 金露酥

自選項	單雙組合	B 組		
	配題組合	第 1 組	第 2 組	第 3 組
	分項名稱	試題名稱	試題名稱	試題名稱
水調麵類	冷水麵食	04A. 鍋貼	05A. 餛飩	02A. 油麵
	燙麵食	03B. 韭菜盒子	05B. 菜肉餡餅	01B. 蒸餃
	燒餅類麵食	01C. 芝麻燒餅	05C. 蔥脂燒餅	03C. 蘿蔔絲酥餅
發麵類	發酵麵食	04D. 小籠包	01D. 銀絲捲	02D. 叉燒包
	發粉麵食	04E. 發糕	05E. 夾心鹹蛋糕	02E. 馬拉糕
	油炸麵食	04F. 蓮花酥	05F. 千層酥	02F. 兩相好
酥油皮、糕漿皮類	酥油皮麵食	04G. 咖哩餃	07G. 蘇式椒鹽月餅	05G. 芝麻喜餅
	酥油皮麵食	06G. 泡（椪）餅	10G. 蒜蓉酥	09G. 油皮蛋塔
	糕漿皮麵食	04H. 酥皮椰塔	03H. 台式椰蓉月餅	02H. 龍鳳喜餅

1-3 一般評分標準

（一）工作態度與衛生習慣（本項 100 分，60 分以上為及格）。

項目	扣分項目	扣分			
		100	50	25	10
零分計	1. 報到後(a)放棄、(b)未進入術科考場。 2. 考場內(a)抽煙、(b)嚼檳榔、(c)嚼口香糖、(d)隨地吐痰、(e)擤鼻涕、(f)隨地丟廢棄物、(g)不良個人衛生（需有明確事實與證據）。 3. 其他（請註明原因）。	W			
工作態度	4. 工作態度不良（需註明原因）。 5. 與考生相互交談。 6. (a)不愛惜機具設備、(b)浪費能源（瓦斯、水電）、(c)故意製造噪音。 7. (a)浪費食材、(b)廢棄物未分類存放。 8. (a)共用材料使用後未歸位、(b)共用器具未歸位。 9. 手部有傷口未包紮未戴手套。 10. 身上有飾物露出(a)耳環、(b)手錶、(c)手鐲或手鍊、(d)戒指、(e)項鍊、(f)假睫毛、(g)擦口紅、(h)化濃粧、(i)其他（需註明）。 11. 離場時未清潔或清潔不良(a)工作區、(b)器具、(c)機械、(d)使用的器具、(e)桌面、(f)地面。 12. 其他（請註明原因）。		X	Y	Z
衛生習慣	13. (a)工作前未洗手、(b)工作中用手擦汗、(c)用手觸碰不潔之衛生動作（含上洗手間返回岡位）。 14. (a)頭髮外露、(b)鬍鬚外露、(c)指甲過長、(d)指甲上色。 15. 工作時生熟原料或成品混合放置，有交互污染情事。 16. 有直接接觸地面的(a)器具、(b)原料、(c)成品。 17. 穿著不乾淨的(a)工作衣、(b)工作褲、(c)圍裙、鞋子、(d)帽子。 18. (a)感冒未帶口罩、(b)袖口碰到物料或成品。 19. 入場後(a)未檢視用具、(b)未清洗用具。 20. (a)工作中桌面凌亂、(b)地面髒污、(c)地面潮濕。 21. 成品裝框時未注意衛生。 22. 其他（請註明原因）。		X	Y	Z

（二）製作技術（本項 100 分，60 分以上為及格）。

項目	扣分項目	扣分			
		100	50	25	10
零分計	1. 扣考（依技術士技能檢定作業及試場規則第48條規定）。 2. 未依規定穿著者不得進場應試（依技術士技能檢定作業及試場規則第39條規定）。 3. 報到後未進入考場。 4. 進入考場後放棄術科或術科製作時中途離場。 5. 檢定時間結束，產品未製作完成（需註明名稱）。 6. 其他（請註明原因）。	W			
製作技術	7. 未使用試題規定的(a)機具、(b)自帶器材 8. 有危險動作(a)人為使機具偏離定位點、(b)器具掉入運轉的機械、(c)手伸入運轉的機械取物、(d)機械運轉中離開工作崗位。 9. 未注意安全致使自身或他人受傷不能繼續檢定。 10. 不熟悉或不會使用機具設備(a)攪拌機、(b)壓延（麵）機、(c)切麵條機、(d)烤箱、(e)蒸箱、(f)油炸鍋、(g)瓦斯爐、(h)平底煎板、(i)蒸籠、(j)儀具、(k)器具、(l)刀具等。 11. 使用方法不當，損壞機具設備。 12. 清潔工作未完成離場。 13. 產品製作完成或離開考場時開關未關(a)烤箱、(b)瓦斯爐、(c)蒸箱、(d)油炸鍋、(e)機械設備等（考場另有規定除外）。 14. 應檢結束離場，製作報告表上沒有考生簽註的姓名與離場時間。 15. 入場後未寫製作報告表的(a)材料、(b)配方％、(c)製作重量。 16. 製作報告表(a)配方未使用公制、(b)未列百分比、(c)不會計算、(d)計算錯誤、(e)製作方法與條件未寫、(f)未使用官方文字、(g)寫不齊全、(h)配方制定錯誤。 17. 製作報告表不符合實際製作的(a)材料、(b)重量、(c)餡料、(d)表飾原料、(e)數量、(f)產品。 18. 配方計算不正確的(a)麵糰、(b)麵糊、(c)餡料、(d)油酥。 19. 製作報告表寫不完整(a)原料、(b)配方％、(c)製作方法、(d)操作條件。		X	Y	Z

項目	扣分項目	扣分			
		100	50	25	10
製作技術 （續）	20. 未使用試題規定的(a)麵糰、(b)麵糊、(c)配方%、(d)餡料、(e)材料、(f)外表裝飾原料、(g)製作規格、(h)製作重量、(i)製作式樣、(j)損耗%、(k)殘麵%。 21. 製作方法不正確(a)麵糰、(b)麵糊、(c)餡料。 22. 製作使用額外(a)材料、(b)餡料、(c)表飾原料。 23. 製作未符合題意(a)皮重、(b)皮餡比、(c)皮比、(d)皮酥餡比、(e)半成品生重、(f)數量、(g)重量、(h)式樣等。 24. 錯誤操作(a)機具、(b)儀具、(c)刀具、(d)重新稱料重作、(e)數量不足、(f)重量不足、(g)補作、(h)多餘的數量或重量丟棄於垃圾桶、水槽或準備攜出考場。 25. 不熟練(a)機械設備、(b)儀具、(c)器具、(d)刀具、(e)烤箱、(f)瓦斯爐、(g)蒸箱、(h)油炸鍋、(i)秤量器具。 26. 壓延（麵）技術(a)複合或壓延不熟練、(b)壓延（麵）機不會調整、(c)壓延（麵）手法有不正常現象、(d)壓延（麵）時撒粉太多、(e)未用整個麵糰壓延、(f)用殘麵重製麵皮、(g)麵帶未複合（已攪拌成麵糰）、(h)無法複合成麵帶（太乾）、(i)複合的麵帶太黏、(j)壓延（麵）比不正確、(k)殘麵比例不符題意、(l)使用噴水器噴水。 27. 切（麵）技術(a)未用整捲麵片切條、(b)麵片無法切成麵條（斷裂或黏結）、(c)麵條沾粉太多、(d)麵條無法掛麵或成形。 28. 麵皮（或酥油皮）擀製(a)大小不一、(b)外型不良。 29. 包餡技術(a)捏合不良、(b)露餡。 30. 整型技術(a)大小不一、(b)外型不良。 31. 熟製技術(a)火侯控制不良、(b)未注意安全。 32. 其他（請註明原因）。	X	Y	Z	

（三）產品品質（本項 100 分，60 分以上為及格）。

項目	扣分項目	扣分			
		100	50	25	10
零分計	1. 產品錯誤(a)非抽籤的題組、(b)非抽籤的考題。 2. 未符合題意(a)麵糰、(b)麵糊、(c)餡料、(d)製作數量、(e)形狀、(f)大小規格、(g)重量、(h)色澤、(i)有殘麵、(j)有製作損耗%。 3. 裝飾材料未符合題意(a)未刷蛋液、(b)刷蛋液、(c)未裝飾、(d)裝飾材料不正確。 4. 成品(a)沒製作、(b)未繳、(c)未製作完成繳出。 5. 成品不熟(a)表皮、(b)底部、(c)邊緣、(d)餡料、(e)中心有生麵糰（需有可拉長的生麵筋）、(f)中心有生麵糊）。 6. 成品有異物(a)毛髮、(b)雜物、(c)刷毛。 7. 成品20%以上有嚴重的(a)外表焦黑（碳化）、(b)底部焦黑（碳化）、(c)外形不完整、(d)嚴重爆餡、(e)縮皺、(f)潰散、(g)破損、(h)硬實、(i)太軟爛、(j)有異味。 8. 其他（請註明原因）。	W			
產品品質	9. 外表色澤(a)局部性焦黑、(b)未著色、(c)不均、(d)污染、(e)有斑點、(f)太黃、(g)色素使用過度、(h)異常（需註現象）。 10. 外表式樣(a)體積不正常、(b)大小不一、(c)厚薄不一、(d)形狀不一、(e)變形、(f)未挺立、(g)扁平、(h)不完整、(i)破底、(j)沾粉過度、(k)嚴重滲油、(l)未包緊、(m)爆餡外流、(n)裂開餡未外露、(o)膨脹太大裂開。 11. 外表質地(a)縮皺、(b)塌陷、(c)凹陷、(d)凸出、(e)潰散、(f)起泡、(g)破損、(h)裂紋、(i)破皮、(j)脫皮、(k)爆裂、(l)收口太大、(m)底太硬、(n)底太厚、(o)死麵、(p)不光滑、(q)有糖顆粒、(r)粗糙、(s)材料未拌勻、(t)有麵粉顆粒、(u)沾黏。 12. 內部組織(a)粗糙、(b)硬實、(c)鬆散、(d)不均、(e)韌性太強、(f)無彈性、(g)有水線（死麵）。 13. 風味口感(a)太淡、(b)太鹹、(c)太甜、(d)太爛、(e)太軟、(f)太硬、(g)太油、(h)不滑潤、(i)咀嚼感差、(j)鹹味太重、(k)有異味（請註明如酸味、苦味太重） 14. 其他（請註明原因）		X	Y	Z

1-4　專業評分標準

（一）本評分標準依試題說明制定。

（二）分「製作技術」與「產品品質」二大項（每項 100 分，未達 60 分為不及格）。

（三）製作技術（以一般評分標準（二）及本專業評分為扣分標準，共 100 分）。

（四）產品品質（以一般評分標準（三）及本專業評分為扣分標準，共 100 分）。

（五）評分標準（依 % 評分）

扣分標準			說明
不及格	W	扣 100 分	未依試題說明製作、嚴重缺失的項目。（註明原因）
	X	扣 50 分	依試題說明製作、缺失達 20% 以上。（註明原因）
及格	Y	扣 25 分	達及格標準，但有 10~20% 缺失者。
	Z	扣 10 分	達及格標準，但有 10% 以內缺失者。

（六）分項評分標準

A、水調麵類－冷水麵食

項目	扣分項目	扣分			
		100	50	25	10
A. 零分計	1. 超過六小時時限未完成。 2. 制定麵糰配方未符合試題說明(a)加計損耗不當、(b)非本類麵食共用材料、(c)非本類麵食專用材料、(d)選用之材料重量超出所定範圍。 3. 操作未符合試題說明(a)麵糰重量、(b)製作數量、(c)麵糰種類、(d)餡料製備、(e)餡料重量。 4. 未製作。 5. 其他（請註明原因）。	W			
P. 製作技術	1. 乾麵條操作符合試題說明但有缺失(a)麵糰經複合成麵帶鬆弛後再壓延、(b)壓延過程麵帶不可分割應維持整捲操作、(c)切麵條機切條後再剪切成160~200公分、(d)掛桿後放入乾燥箱、(e)不良的乾麵比例不可超過20%以上（含壓延與切條後的乾燥殘麵及不整齊乾麵條）。		X	Y	Z

項目	扣分項目	扣分			
		100	50	25	10
P. 製作技術 （續）	2. 油麵操作符合試題說明但有缺失(a)麵糰經複合成麵帶鬆弛後再壓延、(b)壓延過程麵帶不可分割應維持整捲操作、(c)壓延成適當之厚度(1.3±0.1mm)再用切麵條機切條、(d)截切成30公分以上均一長度之濕麵條、(e)煮熟、(f)冷卻後拌油。 3. 水餃操作符合試題說明但有缺失(a)麵糰經複合成麵帶鬆弛後再壓延、(b)壓延過程麵帶不可分割應維持整捲操作、(c)壓延成適當之厚度、(d)用直徑8公分圓空心模壓切成圓形餃皮、(e)所需水餃皮份量應一次壓延與壓切完成、(f)不得用殘麵複合重新壓延、(g)殘麵量不得高於麵皮配方總量的50%、(h)取30片餃皮中間放入菜肉餡、(i)皮餡比2:3、(j)用手工整成元寶式樣、(k)煮熟。 4. 鍋貼操作符合試題說明但有缺失(a)麵糰經複合成麵帶鬆弛後再壓延、(b)壓延過程麵帶不可分割應維持整捲操作、(c)壓延成適當之厚度、(d)用直徑9公分圓空心模壓切成鍋貼皮、(e)所有鍋貼皮份量應一次壓延與壓切完成、(f)不得用殘麵複合重新壓延、(g)殘麵量不得高於鍋貼皮配方總量的50%、(h)取30片鍋貼皮中間放入肉餡、(i)皮餡比2:3、(j)用手工整成長條或元寶式樣、(k)用平底鍋煎熟（可加粉漿水）。 5. 餛飩操作符合試題說明但有缺失(a)麵糰經複合成麵帶鬆弛後再壓延、(b)壓延過程麵帶不可分割應維持整捲操作、(c)壓延成適當厚度、(d)用刀具切成11±1公分之正方形餛飩皮、(e)所需餛飩皮份量應一次壓延與壓切完成、(f)不得用殘麵複合重新壓延、(g)殘麵量不得高於餛飩皮配方總量的20%、(h)取30片餛飩皮中間放入肉餡、(i)皮餡比2:3、(j)用手工整型（式樣自訂）、(k)煮熟。	X	Y	Z	

項目	扣分項目	扣分			
		100	50	25	10
A. 零分計	1. 無成品。 2. 成品未熟(a)外表、(b)內部、(c)底部、(d)內餡。 3. 操作未符合試題說明(a)成品重量、(b)規格、(c)餡料種類、(d)成品數量。 4. 其他（請註明原因）。	W			

項目	扣分項目	扣分			
		100	50	25	10
Q. 產品品質	1. 乾麵條外觀符合試題說明但有缺失(a)色澤均勻、(b)平直、(c)粗細厚寬一致、(d)長度一致、(e)平滑光潔、(f)表面不可含粉、(g)具彎折強度（可上揚下壓5公分以上）、(h)成品厚度為1.2±0.1mm、(i)截切成20~25公分均一長度、(j)煮熟麵條、乾麵條、剪切後不規則麵乾重量。 2. 乾麵條內部符合試題說明但有缺失(a)煮後麵形完整、(b)不可中間分離、(c)不可斷、(d)不可糊爛、(e)具滑潤性、(f)良好咀嚼性、(g)內外不可有異物、(h)無異味、(i)風味口感良好、(j)不良的乾麵比例不可超過20%以上（含壓延與切條後的乾燥殘麵及掛桿彎曲、不整齊乾麵條）。 3. 油麵外觀符合試題說明但有缺失(a)色澤均勻、(b)粗細厚寬一致、(c)長度一致、(d)外觀平滑光潔、(e)不變形、(f)條條分明不可相互粘黏、(g)拌油後殘油過多、(h)成品重量。 4. 油麵內部符合試題說明但有缺失(a)不可殘留黏稠的粉漿、(b)水煮過度而軟爛易斷、(c)適當之黃色、(d)適度之鹹味、(e)內外不可有異物、(f)具有鹹味無其他異味、(g)風味口感良好。 5. 水餃外觀符合試題說明但有缺失(a)水餃皮大小一致、(b)水餃皮厚薄一致、(c)水餃皮完整柔軟無裂紋、(d)均勻色澤、(e)大小一致、(f)外型挺立、(g)不變形、(h)外型完整不可破損或開口。 6. 水餃內部符合試題說明但有缺失(a)切開後餡需完全熟透、(b)餡不可鬆散、(c)皮餡分離、(d)內外不可有異物、(e)具菜肉香無其他異味、(f)有良好的口感。 7. 鍋貼外觀符合試題說明但有缺失(a)鍋貼皮大小一致、(b)鍋貼皮厚薄一致、(c)鍋貼皮外型完整柔軟無裂紋、(d)均勻色澤、(e)大小一致、(f)外型挺立、(g)不變形、(h)外型完整不可破損或開口（長條形兩端可留小口）、(i)不可煎焦。 8. 鍋貼內部符合試題說明但有缺失(a)切開後餡需完全熟透、(b)餡不可鬆散、(c)皮餡分離、(d)內外不可有異物、(e)具菜肉香無其他異味、(f)有良好的口感、(g)皮軟（放置後會回軟）。 9. 餛飩外觀符合試題說明但有缺失(a)餛飩皮大小一致、(b)餛飩皮厚薄一致、(c)餛飩皮外型完整柔軟無裂紋、(d)均勻色澤、(e)大小一致、(f)不變形、(g)外型完整不可破損或開口。 10. 餛飩內部符合試題說明但有缺失(a)切開後餡需完全熟透、(b)餡不可鬆散、(c)皮餡分離、(d)內外不可有異物、(e)具肉香無其他異味、(f)有良好的口感。	X	Y	Z	

B. 水調麵類－燙麵食

項目	扣分項目	扣分			
		100	50	25	10
A. 零分計	1. 超過六小時時限未完成。 2. 制定麵糰配方未符合試題說明(a)加計損耗不當、(b)非本類麵食共用材料、(c)非本類麵食專用材料、(d)選用之材料重量超出所定範圍。 3. 操作未符合試題說明(a)麵糰重量、(b)製作數量、(c)麵糰種類、(d)餡料製備、(e)餡料重量。 4. 未製作。 5. 其他（請註明原因）。	W			
P. 製作技術	1. 蒸餃操作符合試題說明但有缺失(a)麵糰經適當之鬆弛、(b)以機械或手工整型成適當厚度的麵皮、(c)麵皮包入生餡料、(d)用手工整成十摺以上摺紋的元寶型、(e)用蒸籠或蒸箱蒸熟、(f)每個生重25±5%公克、(g)皮餡比2:3。 2. 蔥油餅操作符合試題說明但有缺失(a)麵糰經適當之鬆弛、(b)分割成所需之數量、(c)用手工整型成具層次之圓麵片、(d)用平底煎板油煎或油烙熟、(e)熟後可鍋內拍鬆、(f)每個生重110±5%公克、(g)蔥含量不可低於麵糰的10%之蔥油餅。 3. 韭菜盒子操作符合試題說明但有缺失(a)麵糰經適當之鬆弛、(b)以機械或手工整型成適當厚度的麵皮、(c)麵皮包入生韭菜餡、(d)整成半圓型（不限邊緣是否有摺紋）、(e)用乾烙、油煎或油烙熟、(f)不得加水方式熟製、(g)每個生重80±5%公克、(h)皮餡比1:1。 4. 四喜燒賣操作符合試題說明但有缺失(a)麵糰經適當之鬆弛、(b)以機械或手工整型成適當厚度的麵皮、(c)麵皮包入生肉餡、(d)用手工整型表面有四個小口、(e)小口內各放入不同蔬菜點綴、(f)用蒸籠或蒸箱蒸熟、(g)每個生重36±5%公克、(h)皮餡比1:2。 5. 菜肉餡餅操作符合試題說明但有缺失(a)麵糰經適當之鬆弛、(b)以機械或手工整型成適當厚度的麵皮、(c)麵皮包入調製後生肉餡、(d)整成圓型、(e)用油煎或油烙熟、(f)不得加水方式熟製、(g)每個生重100±5%公克、(h)皮餡比2:3。		X	Y	Z

項目	扣分項目	扣分			
		100	50	25	10
A. 零分計	1. 無成品。 2. 成品未熟(a)外表、(b)內部、(c)底部、(d)內餡。 3. 操作未符合試題說明(a)成品重量、(b)大小規格、(c)餡料種類、(d)成品數量。 4. 其他（請註明原因）。	W			
Q. 產品品質	1. 蒸餃外觀符合試題說明但有缺失(a)均勻色澤、(b)大小一致、(c)外型挺立、(d)不變形、(e)外型完整不可破損或開口。 2. 蒸餃內部符合試題說明但有缺失(a)切開餡需完全熟透、(b)不可鬆散、(c)皮餡分離、(d)內外不可有異物、(e)具肉香無其他異味、(f)有良好的口感。 3. 蔥油餅外觀符合試題說明但有缺失(a)均勻的金黃色澤、(b)大小厚薄一致、(c)不變形、(d)外型完整不可破損、(e)潰散或分散成條、(f)不可煎焦、(g)熟後直徑16±1公分。 4. 蔥油餅內部符合試題說明但有缺失(a)切開需完全熟透、(b)層次明顯、(c)不可有沾黏現象、(d)外皮香脆（放置後會回軟）、(e)內層柔軟、(f)內外不可有異物、(g)具蔥香味無其他異味、(h)有良好的口感。 5. 韭菜盒子外觀符合試題說明但有缺失(a)均勻的金黃色澤、(b)大小一致、(c)不變形、(d)外型完整不可破損或開口、(e)呈半圓形、(f)不可煎焦或烙焦。 6. 韭菜盒子內部符合試題說明但有缺失(a)切開皮餡之間需完全熟透、(b)皮餡分離、(c)皮軟（放置後會回軟）、(d)內外不可有異物、(e)具韭菜香無其他異味、(f)有良好的口感。 7. 四喜燒賣外觀符合試題說明但有缺失(a)均勻色澤、(b)大小一致、(c)外型挺立、(d)不變形、(e)外型完整不可破損或開口、(f)有四個點綴菜料之小口。 8. 四喜燒賣內部符合試題說明但有缺失(a)切開餡需完全熟透、(b)不可鬆散、(c)皮餡分離、(d)內外不可有異物、(e)具菜肉香無其他異味、(f)有良好的口感 9. 菜肉餡餅外觀符合試題說明但有缺失(a)均勻的金黃色澤、(b)大小一致、(c)不變形、(d)外型完整不可破損或開口、(e)底部不可有硬厚麵皮、(f)不可煎焦、(g)熟後直徑8±1公分。 10. 菜肉餡餅內部符合試題說明但有缺失(a)切開皮餡之間需完全熟透、(b)皮餡分離、(c)皮軟（放置後會回軟）、(d)底部不可有硬厚麵皮、(e)內外不可有異物、(f)具菜肉香無其他異味、(g)有良好的口感。		X	Y	Z

C. 水調麵類－燒餅類麵食

項目	扣分項目	扣分			
		100	50	25	10
A. 零分計	1. 超過六小時時限未完成。 2. 制定麵糰配方未符合試題說明(a)加計損耗不當、(b)非本類麵食共用材料、(c)非本類麵食專用材料、(d)選用之材料重量超出所定範圍。 3. 操作未符合試題說明(a)麵糰重量、(b)製作數量、(c)麵糰種類、(d)餡料製備、(e)餡料重量。 4. 未製作。 5. 其他（請註明原因）。	W			
P. 製作技術	1. 芝麻燒餅操作符合試題說明但有缺失(a)麵糰經適當之鬆弛、(b)大包酥方式、(c)裏入油酥擀薄捲成長條狀、(d)分割後再擀捲成多層次之麵皮、(e)表面沾白芝麻、(f)整成長寬比2:1麵片、(g)用烤箱烤熟。 2. 香酥燒餅操作符合試題說明但有缺失(a)麵糰經適當之鬆弛、(b)可用大（小）包酥、(c)再擀捲成多層次之麵皮、(d)表面沾白芝麻、(e)整成長寬比2:1麵片、(f)烤箱烤熟。 3. 蘿蔔絲酥餅操作符合試題說明但有缺失(a)麵糰經適當之鬆弛、(b)用小包酥、(c)擀捲成多層次之麵皮、(d)包入生蘿蔔絲餡、(e)整成圓形、(f)表面沾白芝麻、(g)用烤箱烤熟、(h)皮酥餡比2:1:2。 4. 糖鼓燒餅操作符合試題說明但有缺失(a)用發麵麵糰製作、(b)經適當之鬆弛或發酵、(c)用小包酥、(d)擀捲成多層次之麵皮、(e)包入自調之糖餡、(f)整型成12±2公分之牛舌形、(g)表面沾白芝麻、(h)最後發酵後用烤箱烤熟、(i)皮酥餡比2:1:1。 5. 蔥脂燒餅操作符合試題說明但有缺失(a)發麵麵糰製作、(b)麵糰經適當之鬆弛或發酵、(c)用小包酥方式、(d)擀捲成多層次之麵皮、(e)包入自調蔥脂餡、(f)包成圓型、(g)表面沾白芝麻、(h)整成扁圓形、(i)最後發酵後用烤箱烤熟、(k)皮酥餡比2:1:1。		X	Y	Z

項目	扣分項目	扣分			
		100	50	25	10
A. 零分計	1. 無成品。 2. 成品未熟(a)外表、(b)內部、(c)底部、(d)內餡。 3. 操作未符合試題說明(a)成品重量、(b)大小規格、(c)餡料種類、(d)成品數量。 4. 其他（請註明原因）。	W			
Q. 產品品質	1. 芝麻燒餅外觀符合試題說明但有缺失(a)均勻的金黃色澤、(b)大小一致、(c)外型完整呈長方形、(d)底不可烤焦、(e)表面芝麻不可嚴重脫落、(f)每個熟重80±5%公克、(g)油酥含量為麵糰的30%。 2. 芝麻燒餅內部符合試題說明但有缺失(a)切開後需完全熟透、(b)層次明顯、(c)皮鬆酥（放置後會回軟）、(d)內部組織柔軟、(e)內外不可有異物、(f)具芝麻香無其他異味、(g)有良好的口感。 3. 香酥燒餅塔外觀符合試題說明但有缺失(a)均勻的金黃色澤、(b)大小一致、(c)外型完整呈長方形、(d)底不可烤焦、(e)表面芝麻不可嚴重脫落、(f)每個熟重50±5%公克、(g)油酥含量為麵糰40%。 4. 香酥燒餅內部符合試題說明但有缺失(a)切開後需完全熟透、(b)層次明顯、(c)中間膨鬆呈空心狀、(d)皮鬆酥、(e)內外不可有異物、(f)具芝麻香無其他異味、(g)有良好的口感。 5. 蘿蔔絲酥餅外觀符合試題說明但有缺失(a)均勻的金黃色澤、(b)大小一致、(c)外型完整不可露餡或爆餡、(d)未包緊、(e)底不可烤焦、(f)表面芝麻不可嚴重脫落、(g)每個熟重50±5%公克。 6. 蘿蔔絲酥餅內部符合試題說明但有缺失(a)切開後皮餡需完全熟透、(b)層次明顯、(c)皮鬆酥、(d)餡汁不可外流、(e)底部不可有硬厚麵糰、(f)內外不可有異物、(g)具蘿蔔香無其他異味、(h)有良好的口感。 7. 糖鼓燒餅外觀符合試題說明但有缺失(a)均勻的金黃色澤、(b)大小一致、(c)外型完整不可露餡或爆餡、(d)未包緊、(e)底不可烤焦、(f)表面芝麻不可嚴重脫落、(g)每個熟重80±5%公克。 8. 糖鼓燒餅內部符合試題說明但有缺失(a)切開後皮餡之間需完全熟透、(b)層次明顯、(c)中間膨鬆呈空心狀、(d)皮鬆酥、(e)餡軟、(f)底部不可有硬厚麵糰、(g)內外不可有異物、(h)無其他異味、(i)有良好的口感。 9. 蔥脂燒餅外觀符合試題說明但有缺失(a)均勻的金黃色澤、(b)大小一致、(c)外型完整不可爆餡、(d)未包緊、(e)底不可烤焦、(f)表面芝麻不可嚴重脫落、(g)每個熟重80±5%公克、(h)直徑8±1公分。 10. 蔥脂燒餅內部符合試題說明但有缺失(a)切開後皮餡之間需完全熟透、(b)層次明顯、(c)皮鬆酥、(d)底部不可有硬厚麵糰、(e)內外不可有異物、(f)具蔥油香無其他異味、(g)有良好的口感。		X	Y	Z

D、發麵類－發酵麵食

項目	扣分項目	扣分			
		100	50	25	10
A. 零分計	1. 超過六小時時限未完成。 2. 制定麵糰配方未符合試題說明(a)加計損耗不當、(b)非本類麵食共用材料、(c)非本類麵食專用材料、(d)選用之材料重量超出所定範圍。 3. 操作未符合試題說明(a)麵糰重量、(b)製作數量、(c)麵糰種類、(d)餡料製備、(e)餡料重量。 4. 未製作。 5. 其他（請註明原因）。	W			
P. 製作技術	1. 銀絲捲操作符合試題說明但有缺失(a)麵糰攪拌後經適當鬆弛或發酵、(b)以壓（延）麵機壓延成單一麵帶、(c)切成所需數量、(d)分別製作麵皮及麵絲（生麵絲直徑需小於0.5公分）、(e)麵皮包麵絲整成長條形（兩端麵絲不可外露）、(f)最後發酵後用蒸箱蒸熟、(g)每個生重120 ±5%公克、(h)皮絲比1:1。 2. 叉燒包操作符合試題說明但有缺失(a)麵糰攪拌後經適當鬆弛或發酵、(b)分割包入叉燒餡、(c)整成8摺以上的圓形、(d)用蒸箱蒸熟、(e)每個生重70±5%公克、(g)皮餡比2:1。 3. 水煎包操作符合試題說明但有缺失(a)麵糰攪拌後經適當鬆弛或發酵、(b)以壓（延）麵機壓延成單一麵帶、(c)分割包入自調菜肉餡、(d)整成表面有10道以上摺紋、(e)最後發酵後用平底煎板（可用水或粉漿）單或雙面煎熟、(f)每個生重60±5%公克、(g)皮餡比1:1。 4. 小籠包操作符合試題說明但有缺失(a)麵糰攪拌後經適當鬆弛或發酵、(b)以壓（延）麵機壓延成單一麵帶、(c)分割包入自調鮮肉餡、(d)整成表面有10道以上摺紋、(e)最後發酵後用蒸箱蒸熟、(f)每個生重30±5%公克、(g)皮餡比2:1。 5. 花捲操作符合試題說明但有缺失(a)麵糰攪拌後經適當鬆弛或發酵、(b)以壓（延）麵機壓延成單一麵帶、(c)用蔥花等夾心、(d)經分割整型最後發酵、(e)用蒸箱蒸熟、(f)每個生重80±5%公克、(g)蔥花含量6~10%。		X	Y	Z

項目	扣分項目	扣分			
		100	50	25	10
A. 零分計	1. 無成品。 2. 成品未熟(a)外表、(b)內部、(c)底部、(d)內餡。 3. 操作未符合試題說明(a)成品重量、(b)大小規格、(c)餡料種類、(d)成品數量。 4. 其他（請註明原因）。	W			
Q. 產品品質	1. 銀絲捲外觀符合試題說明但有缺失(a)表面色澤均勻、(b)無異常斑點、(c)不破皮、(d)不塌陷、(e)不起泡、(f)不皺縮、(g)式樣整齊、(h)挺立、(i)不變形、(j)大小一致、(k)表面不可爆裂（可有單條細紋）、(l)捏合處不可有不良開口。 2. 銀絲捲內部符合試題說明但有缺失(a)組織均勻細緻、(b)皮鬆軟、(c)富彈韌性、(d)不黏牙、(e)內外不可有異物、(f)無異味、(g)具有良好的口感、(h)切開後麵絲與麵皮中間不可有大孔隙、(i)麵絲需能分開。 3. 叉燒包外觀符合試題說明但有缺失(a)表面色澤均勻、(b)無異常斑點、(c)不破皮、(d)不塌陷、(e)不起泡、(f)不皺縮、(g)式樣整齊、(h)挺立、(i)不變形、(j)大小一致、(k)表面有三瓣以上自然裂紋或裂口，頂端（最遠的兩點間距）在5公分以上、(l)可見餡但餡汁不可外流。 4. 叉燒包內部符合試題說明但有缺失(a)組織均勻細緻、(b)皮鬆軟、(c)富彈韌性、(d)不黏牙、(e)內外不可有異物、(f)具叉燒香味無其他異味、(g)有良好的口感。 5. 水煎包外觀符合試題說明但有缺失(a)表面色澤均勻、(b)無異常斑點、(c)不破皮、(d)不塌陷、(e)不起泡、(f)不皺縮、(g)式樣整齊、(h)挺立、(i)不變形、(j)大小一致、(k)捏合處不可有不良開口（可有小開口）、(l)底部呈金黃色不可煎焦、(m)餡不外露。 6. 水煎包內部符合試題說明但有缺失(a)組織均勻細緻、(b)皮鬆軟、(c)富彈韌性、(d)不黏牙、(e)內外不可有異物、(f)具鮮肉香味無其他異味、(g)有良好的口感、(h)皮餡不可分離。 7. 小籠包外觀符合試題說明但有缺失(a)表面色澤均勻、(b)無異常斑點、(c)不破皮、(d)不塌陷、(e)不起泡、(f)不皺縮、(g)式樣整齊、(h)挺立、(i)不變形、(j)大小一致、(k)捏合處不可有不良開口（可有小開口）、(l)餡不外露。 8. 小籠包內部符合試題說明但有缺失(a)組織均勻細緻、(b)鬆軟、(c)富彈韌性、(d)不黏牙、(e)內外不可有異物、(f)具鮮肉香味無其他異味、(g)有良好的口感。 9. 花捲外觀符合試題說明但有缺失(a)表面色澤均勻、(b)無異常斑點、(c)不破皮、(d)不塌陷、(e)不起泡、(f)不皺縮、(g)式樣整齊、(h)挺立、(i)不變形、(j)大小一致。 10. 花捲內部符合試題說明但有缺失(a)組織均勻細緻、(b)鬆軟、(c)富彈韌性、(d)不黏牙、(e)內外不可有異物、(f)蔥香味無其他異味、(g)有良好的口感。		X	Y	Z

E. 發麵類－發粉麵食

項目	扣分項目	扣分			
		100	50	25	10
A. 零分計	1. 超過六小時時限未完成。 2. 制定麵糊配方未符合試題說明(a)加計損耗不當、(b)非本類麵食共用材料、(c)非本類麵食專用材料、(d)選用之材料重量超出所定範圍。 3. 操作未符合試題說明(a)麵糊重量、(b)製作數量、(c)麵糊種類、(d)餡料製備、(e)餡料重量。 4. 未製作。 5. 其他（請註明原因）。	W			
P. 製作技術	1. 蒸蛋糕操作符合試題說明但有缺失(a)用麵糊製作、(b)攪拌機攪拌、(c)適當濃稠的麵糊、(d)裝模後蒸箱蒸熟、(e)每個麵糊重350±5%公克。 2. 馬拉糕操作符合試題說明但有缺失(a)用麵糊製作、(b)攪拌機攪拌、(c)適當濃稠的麵糊、(d)裝模後蒸箱蒸熟、(e)每個麵糊重400±5%公克。 3. 黑糖糕操作符合試題說明但有缺失(a)用麵糊製作、(b)攪拌機攪拌、(c)適當濃稠的麵糊、(d)裝模後蒸箱蒸熟、(e)白芝麻裝飾、(f)每個麵糊重400±5%公克。 4. 發糕操作符合試題說明但有缺失(a)用麵糊製作、(b)攪拌機攪拌、(c)適當濃稠的麵糊、(d)裝模後蒸箱蒸熟、(e)每個麵糊重170±5%公克。 5. 夾心鹹蛋糕操作符合試題說明但有缺失(a)用麵糊方式製作、(b)攪拌機攪拌、(c)適當濃稠的麵糊、(d)自炒肉臊作夾心、(e)麵糊與肉臊夾心比5:1、(f)裝模後蒸箱蒸熟。		X	Y	Z

項目	扣分項目	扣分			
		100	50	25	10
A. 零分計	1. 無成品。 2. 成品未熟(a)外表、(b)內部、(c)底部、(d)內餡。 3. 操作未符合試題說明(a)成品重量、(b)大小規格、(c)餡料種類、(d)成品數量。 4. 其他（請註明原因）。	W			

項目	扣分項目	扣分			
		100	50	25	10
Q. 產品品質	1. 蒸蛋糕外觀符合試題說明但有缺失(a)表面色澤均勻、(b)表面光滑細緻、(c)塌陷、(d)皺縮、(e)異常斑點、(f)麵粉結粒、(g)大小一致、(h)成品最高頂部不可低於4公分。 2. 蒸蛋糕內部符合試題說明但有缺失(a)切開後組織均勻、(b)底部不得密實（未膨發）、(c)生麵糊（未熟）、(d)鬆軟、(e)富彈性、(f)不黏牙、(g)內外不可有異物、(h)無異味、(i)有良好口感。 3. 馬拉糕外觀符合試題說明但有缺失(a)表面色澤均勻、(b)表面光滑微鼓（不得有大裂紋）、(c)不規則表面、(d)塌陷、(e)皺縮、(f)異常斑點、(g)麵粉結粒、(h)大小一致、(i)成品最高頂部不可低於5公分。 4. 馬拉糕內部符合試題說明但有缺失(a)切開後組織均勻、(b)近表皮處可有直立式不規則孔洞、(c)底部不得密實（未膨發）、(d)生麵糊（未熟）、(e)鬆軟、(f)富彈性、(g)不黏牙、(h)內外不可有異物、(i)無異味、(j)有良好的口感。 5. 黑糖糕外觀符合試題說明但有缺失(a)表面色澤均勻、(b)表面有光澤（不得有大裂紋）、(c)微鼓或不規則表面、(d)塌陷、(e)皺縮、(f)異常斑點、(g)麵粉結粒、(h)大小一致、(i)成品最高頂部不可低於4公分。 6. 黑糖糕內部符合試題說明但有缺失(a)切開後組織均勻（可能有小孔洞）、(b)底部不得密實（未膨發）、(c)生麵糊（未熟）、(d)鬆軟、(e)富彈性、(f)不黏牙、(g)內外不可有異物、(h)黑糖味、(i)有良好的口感。 7. 發糕外觀符合試題說明但有缺失(a)表面需色澤均勻、(b)三瓣或以上之自然裂口、(c)裂紋高度3公分以上、(d)異常斑點、(e)麵粉結粒、(f)大小一致、(g)脫膜後成品最高頂部不可低於7.5公分、(h)至少有3條裂紋平均長度3公分以上。 8. 發糕內部符合試題說明但有缺失(a)切開後組織均勻細緻、(b)底部不得密實（未膨發）、(c)生麵糊（未熟）、(d)鬆軟、(e)富彈性、(f)不黏牙、(g)內外不可有異物、(h)無異味、(i)有良好的口感。 9. 夾心鹹蛋糕外觀符合試題說明但有缺失(a)表面需色澤均勻、(b)表面光滑細緻、(c)塌陷、(d)皺縮、(e)異常斑點、(f)麵粉結粒、(g)上下層分離、(h)成品最高頂部不可低於5公分。 10. 夾心鹹蛋糕內部符合試題說明但有缺失(a)切開後組織均勻細緻、(b)密實的水線（未膨發）、(c)生麵糊（未熟）、(d)夾心不均勻、(e)鬆軟、(f)富彈性、(g)不黏牙、(h)內外不可有異物、(i)無異味、(j)有良好的口感。	X	Y	Z	

F. 發麵類－油炸麵食

項目	扣分項目	扣分			
		100	50	25	10
A. 零分計	1. 超過六小時時限未完成。 2. 制定麵糰配方未符合試題說明(a)加計損耗不當、(b)非本類麵食共用材料、(c)非本類麵食專用材料、(d)選用之材料重量超出所定範圍。 3. 操作未符合試題說明(a)麵糰重量、(b)製作數量、(c)麵糰種類、(d)餡料製備、(e)餡料重量。 4. 未製作。 5. 其他（請註明原因）。	W			
P. 製作技術	1. 糖麻花操作符合試題說明但有缺失(a)用發粉或發酵麵糰製作、(b)麵糰經適當鬆弛或發酵後用麵棍擀成麵片、(c)經切條或分割用手搓長、(d)整型成12±2公分單股或雙股（不限股數）、(e)鬆弛或最後發酵後炸熟、(f)每條麵糰生重25±5%公克（不含裹入的糖霜）、(g)麵糰糖霜比2:1、(h)油炸數量不符題意（註明數量）。 2. 兩相好操作符合試題說明但有缺失(a)用發粉或發酵麵糰製作、(b)麵糰經適當鬆弛或發酵後用麵棍擀成麵片、(c)用糖餡作夾心、(d)經分割整型與最後發酵後炸熟、(e)每個生重100±10%、(f)麵糰糖心比5:1、(g)油炸數量不符題意（註明數量）、(h)攪拌後生麵糰重量不符題意（註明重量）、(i)剩餘麵糰繳回重量有誤（註明重量）。 3. 油條操作符合試題說明但有缺失(a)用發粉麵糰製作、(b)麵糰切割成所需之大小將兩麵片相疊、(c)中央壓緊用手拉至35±5公分、(d)每條生麵糰重45±5公克、(e)油炸數量不符題意（註明數量）、(f)攪拌後生麵糰重量不符題意（註明重量）、(g)剩餘麵糰繳回重量有誤（註明重量）。 4. 蓮花酥操作符合試題說明但有缺失(a)酥油皮用小包酥、(b)擀捲成多層次、(c)包入豆沙餡、(d)整成圓型、(e)表面用利刀切成8~12瓣、(f)每個生重48±5%公克、(g)皮酥餡比2:1:1。 5. 千層酥操作符合試題說明但有缺失(a)酥油皮用小包酥、(b)擀捲成多層次分切擀薄、(c)包入豆沙餡、(d)整成扁圓型、(e)每個生重48±5%公克、(f)皮酥餡比2:1:1。		X	Y	Z

項目	扣分項目	扣分			
		100	50	25	10
A. 零分計	1. 無成品。 2. 成品未熟(a)外表、(b)內部、(c)底部、(d)內餡。 3. 操作未符合試題說明(a)成品重量、(b)大小規格、(c)餡料種類、(d)成品數量。 4. 其他（請註明原因）。	W			
Q. 產品品質	1. 糖麻花外觀符合試題說明但有缺失(a)表面具均勻的金黃色澤、(b)大小一致、(c)接頭不可散開、(d)不可炸黑、(e)糖霜乾爽均勻、(f)糖霜不可受潮軟化。 2. 糖麻花內部符合試題說明但有缺失(a)切開後未炸硬組織鬆軟、(b)組織堅實、(c)裹入的糖霜均勻、(d)糖霜脫落、(e)內外不可有異物、(f)無異味、(g)具有良好的口感。 3. 兩相好外觀符合試題說明但有缺失(a)表面具均勻的金黃色澤、(b)大小一致、(c)兩端最高頂點相距大於5公分（不可用人為撥開）、(d)夾層不可有硬糖塊、(e)接頭處不可斷開成單片、(f)不可炸黑。 4. 兩相好內部符合試題說明但有缺失(a)切開後有空洞（中間呈部分空心狀）、(b)成品不可滲油、(c)組織鬆軟、(d)內外不可有異物、(e)無異味、(f)有良好的口感。 5. 油條外觀符合試題說明但有缺失(a)表面需具均勻的金黃色澤、(b)大小長短一致、(c)充分膨發呈空心狀、(d)外型完整不可變形或軟化、(e)兩條麵糰膨大後分開成單條、(f)兩條麵糰膨大後相連處成一條、(g)成品長度35±5公分。 6. 油條內部符合試題說明但有缺失(a)切開有後中間有大孔洞、(b)成品不可滲油、(c)冷卻後要鬆脆、(d)不可有軟韌的組織、(e)內外不可有異物、(f)不可有濃烈的氨味、(g)有良好的口感。 7. 蓮花酥外觀符合試題說明但有缺失(a)表面需具均勻的金黃色澤、(b)大小一致、(c)外型完整不可露餡或爆餡、(d)表面有明顯的8瓣以上花紋、(e)不可炸焦、(f)花瓣層次鬆散或斷落。 8. 蓮花酥內部符合試題說明但有缺失(a)切開後需有均勻的層次、(b)皮餡之間需完全熟透、(c)皮鬆酥、(d)底部不可有硬厚麵糰、(e)內外不可有異物、(f)無異味、(g)有良好的口感。 9. 千層酥外觀符合試題說明但有缺失(a)表面需具均勻的金黃色澤、(b)大小一致、(c)外型完整不可露餡或爆餡、(d)表面有明顯螺紋層次、(e)不可炸焦。 10. 千層酥內部符合試題說明但有缺失(a)切開後需有均勻的層次、(b)皮餡之間需完全熟透、(c)皮鬆酥、(d)底部不可有硬厚麵糰、(e)內外不可有異物、(f)無異味、(g)有良好的口感。		X	Y	Z

G. 酥油皮麵食

項目	扣分項目	扣分			
		100	50	25	10
A. 零分計	1. 超過六小時時限未完成。 2. 制定麵糰配方未符合試題說明(a)加計損耗不當、(b)非本類麵食共用材料、(c)非本類麵食專用材料、(d)選用之材料重量超出所定範圍。 3. 操作未符合試題說明(a)麵糰重量、(b)製作數量、(c)麵糰種類、(d)餡料製備、(e)餡料重量。 4. 未製作。 5. 其他（請註明原因）。	W			
P. 製作技術	1. 老婆餅操作符合試題說明但有缺失(a)酥油皮用小包酥、(b)擀捲成多層次、(c)包入自調餡料、(d)整成扁圓型、(e)表面札洞、(f)刷蛋黃液、(g)皮酥餡比2:1:4。 2. 椰蓉酥操作符合試題說明但有缺失(a)酥油皮用小包酥、(b)擀捲成多層次、(c)包入自調餡料、(d)擀長摺成三層、(e)表面沾椰子粉、(f)皮酥餡比2:1:2。 3. 太陽餅操作符合試題說明但有缺失(a)酥油皮用小包酥、(b)擀捲成多層次、(c)包入自調餡料、(d)整成扁圓型、(e)表面不需刷蛋黃液或任何點綴、(f)皮酥餡比2:1:1。 4. 咖哩餃操作符合試題說明但有缺失(a)酥油皮用小包酥、(b)擀捲成多層次、(c)包入自調咖哩餡、(d)整成半圓型、(e)接縫邊用手摺紋、(f)表面（可札洞）刷蛋黃液、(g)用白芝麻點綴、(h)皮酥餡比2:1:2。 5. 芝麻喜餅操作符合試題說明但有缺失(a)用油皮製作餅皮、(b)包入自調餡料、(c)擀成扁圓型、(d)一面沾白芝麻（可札二洞）、(e)另一面不作任何裝飾、(f)皮餡比1:3。 6. 泡（椪）餅操作符合試題說明但有缺失(a)酥油皮用小包酥、(b)擀捲成多層次、(c)包入自調餡料、(d)擀成扁圓型、(e)表面不需任何點綴、(f)皮酥餡比2:1:1。 7. 蘇式椒鹽月餅操作符合試題說明但有缺失(a)酥油皮用小包酥、(b)擀捲成多層次、(c)包入自調椒鹽餡、(d)整成扁圓型、(e)一面沾黑芝麻、(f)兩面烤熟、(g)皮酥餡比1:1:3。 8. 白豆沙月餅操作符合試題說明但有缺失(a)酥油皮用小包酥、(b)擀捲成多層次、(c)包入白豆沙餡、(d)整成扁圓型、(e)表面中心稍凹陷、(f)兩面（需翻面）烤熟、(g) 皮酥餡比5:3:24。 9. 油皮蛋塔操作符合試題說明但有缺失(a)酥油皮用小包酥、(b)擀捲成多層次、(c)擀薄放入塔模內邊緣用手摺絞紋、(d)刷蛋黃液、(e)填入生的蛋塔液、(f)皮酥餡比2:1:4。 10. 蒜蓉酥操作符合試題說明但有缺失(a)酥油皮用小包酥、(b)擀捲成多層次、(c)包入自調蒜蓉餡料、(d)擀成橢圓後對摺成半圓型（刈包型）、(e)表面刷蛋黃液、(f)皮酥餡比2:1:2。		X	Y	Z

項目	扣分項目	扣分			
		100	50	25	10
A. 零分計	1. 無成品。 2. 成品未熟(a)外表、(b)內部、(c)底部、(d)內餡。 3. 操作未符合試題說明(a)成品重量、(b)大小規格、(c)餡料種類、(d)成品數量。 4. 其他（請註明原因）。	W			
Q. 產品品質	1. 老婆餅外觀符合試題說明但有缺失(a)表面需具均勻的金黃色澤、(b)大小一致、(c)外型完整不可露餡或爆餡、(d)底部不可焦黑、(e)每個熟重70±5%公克、(f)直徑8±1公分。 2. 老婆餅內部符合試題說明但有缺失(a)切開後需有明顯而均勻的層次、(b)皮餡間需熟透、(c)皮鬆酥、(d)餡軟呈半透明、(e)底部不可有硬厚麵糰、(f)內外不可有異物、(g)無異味、(h)有良好的口感。 3. 椰蓉酥外觀符合試題說明但有缺失(a)表面需具均勻的金黃色澤、(b)大小一致、(c)外型完整不可露餡或爆餡、(d)底部不可焦黑、(e)每個熟重50±5%公克、(f)長寬比約2:1。 4. 椰蓉酥內部符合試題說明但有缺失(a)切開後需有明顯而均勻的三層、(b)皮餡間需熟透、(c)皮鬆酥、(d)餡鬆軟、(e)底部不可有硬厚麵糰、(f)內外不可有異物、(g)具椰蓉味無其他異味、(h)有良好的口感。 5. 太陽餅外觀符合試題說明但有缺失(a)表面需具均勻的色澤、(b)大小一致、(c)外型完整不可露餡爆餡、(d)未包緊、(e)底部不可焦黑、(f)每個熟重60±5%公克、(g)高不可超過3公分、(h)直徑10±1公分。 6. 太陽餅內部符合試題說明但有缺失(a)切開後需有明顯而均勻的層次、(b)皮餡間需熟透、(c)皮鬆酥、(d)餡柔軟呈半透明、(e)底部不可有硬厚麵糰、(f)內外不可有異物、(g)無異味、(h)有良好的口感。 7. 咖哩餃外觀符合試題說明但有缺失(a)表面需具均勻的金黃色澤、(b)大小一致、(c)外型完整不可露餡爆餡、(d)捏合處開口、(e)接縫邊用手摺紋、(f)底部不可焦黑、(g)每個熟重50±5%公克。 8. 咖哩餃內部符合試題說明但有缺失(a)切開後需有明顯均勻的層次、(b)皮餡間需完全熟透、(c)皮鬆酥、(d)餡不可成糰、(e)內外不可有異物、(f)具咖哩味無其他異味、(g)有良好的口感。		X	Y	Z

項目	扣分項目	扣分			
		100	50	25	10
Q. 產品品質（續）	9. 芝麻喜餅外觀符合試題說明但有缺失(a)表面需具均勻的金黃色澤、(b)大小一致、(c)外型完整不可露餡或爆餡、(d)未包緊、(e)底部不可焦黑、(f)芝麻不可嚴重脫落、(g)每個熟重160±5%公克、(h)直徑12±1公分。				
	10. 芝麻喜餅內部符合試題說明但有缺失(a)切開後皮餡之間需完全熟透、(b)皮鬆酥、(c)餡軟硬適度、(d)底部不可有硬厚麵糰、(e)內外不可有異物、(f)無異味、(g)有良好的口感。				
	11. 泡（椪）餅外觀符合試題說明但有缺失(a)表面需具均勻的色澤、(b)大小一致、(c)外型完整不可露餡或爆餡、(d)需膨大呈空心狀、(e)高需超過5公分不可凹陷、(f)底部不可焦黑、(g)每個熟重100±5%公克、(h)直徑11±1公分。				
	12. 泡（椪）餅內部符合試題說明但有缺失(a)切開後需有明顯而均勻的層次、(b)皮餡之間需完全熟透、(c)皮鬆酥、(d)餡柔軟呈半透明、(e)底部不可有硬厚麵糰、(f)內外不可有異物、(g)無異味、(h)有良好的口感。				
	13. 蘇式椒鹽月餅外觀符合試題說明但有缺失(a)兩面均需具均勻的色澤、(b)大小一致、(c)外型完整不可露餡或爆餡、(d)未包緊、(e)不可焦黑、(f)芝麻不可嚴重脫落、(g)每個熟重75±5%公克、(h)直徑8±1公分。	X	Y	Z	
	14. 蘇式椒鹽月餅內部符合試題說明但有缺失(a)切開後需有明顯而均勻的層次、(b)皮餡之間需完全熟透、(c)皮鬆酥、(d)餡鬆酥、(e)底部不可有硬厚麵糰、(f)內外不可有異物、(g)具椒鹽味無其他異味、(h)有良好的口感。				
	15. 白豆沙月餅外觀符合試題說明但有缺失(a)表面需具明顯黃褐色環狀圖樣、(b)大小一致、(c)中央微凸、(d)外型完整不可露餡或爆餡、(e)未包緊、(f)表面不可烤焦、(g)底部不可焦黑、(h)每個熟重64±5%公克、(i)直徑6±1公分。				
	16. 白豆沙月餅內部符合試題說明但有缺失(a)切開後酥油皮需有明顯而均勻的層次、(b)皮餡之間需完全熟透、(c)皮鬆酥、(d)底部不可有硬厚麵糰、(e)內外不可有異物、(f)無異味、(g)有良好的口感。				
	17. 油皮蛋塔外觀符合試題說明但有缺失(a)絞紋需具均勻的色澤、(b)大小一致、(c)外型完整不可破損、(d)表面光滑濕潤（微凹）、(e)不可有未凝結不熟的蛋液、(f)縮皺、(g)底部不可焦黑、(h)冷卻後表面不可裂開、(i)每個熟重70±5%公克、(j)邊緣有絞紋。				

項目	扣分項目	扣分			
		100	50	25	10
Q. 產品品質（續）	18. 油皮蛋塔內部符合試題說明但有缺失(a)切開後酥油皮需有明顯而均勻的層次、(b)皮餡之間需完全熟透、(c)中央不可有未熟的生餡、(d)餡料需柔軟、(e)塔皮鬆酥、(f)內外不可有異物、(g)無異味、(h)具有良好的口感。 19. 蒜蓉酥外觀符合試題說明但有缺失(a)表面需具均勻的金黃色澤、(b)大小一致、(c)外型完整不可露餡或爆餡、(d)表面不可烤焦、(e)底部不可焦黑、(f)膨脹高度需4公分以上、(g)每個熟重50±5%公克 20. 蒜蓉酥內部符合試題說明但有缺失(a)切開後酥油皮需有明顯而均勻的層次、(b)皮餡之間需完全熟透、(c)皮鬆酥、(d)餡鬆軟、(e)內外不可有異物、(f)具蒜蓉味無其他異味、(g)具有良好的口感。		X	Y	Z

H. 糕漿皮麵食

項目	扣分項目	扣分			
		100	50	25	10
A. 零分計	1. 超過六小時時限未完成。 2. 制定麵糰配方未符合試題說明(a)加計損耗不當、(b)非本類麵食共用材料、(c)非本類麵食專用材料、(d)選用之材料重量超出所定範圍。 3. 操作未符合試題說明(a)麵糰重量、(b)製作數量、(c)麵糰種類、(d)餡料製備、(e)餡料重量。 4. 未製作。 5. 其他（請註明原因）。	W			
P. 製作技術	1. 酥皮蛋塔操作符合試題說明但有缺失(a)用糕皮製作塔皮、(b)放入塔模內成型、(c)填入生的蛋塔液、(d)皮餡比1:2。 2. 龍鳳喜餅操作符合試題說明但有缺失(a)用漿皮製作餅皮、(b)以豆沙為餡、(c)經包餡壓模成型、(d)表面刷蛋黃液、(e)皮餡比1:3。 3. 台式椰蓉月餅操作符合試題說明但有缺失(a)用糕皮製作月餅皮、(b)自調椰蓉餡、(c)經包餡壓模成型、(d)表面刷蛋黃液、(e)皮餡比1:3。 4. 酥皮椰塔操作符合試題說明但有缺失(a)用糕皮製作塔皮、(b)放入塔模填入生的椰塔餡、(c)塔餡表面刷蛋黃液、(d)皮餡比1:2。 5. 金露酥操作符合試題說明但有缺失(a)用糕皮製作外皮、(b)包入豆沙餡、(c)整成圓形、(d)表面刷蛋黃液、(e)皮餡比2:1。		X	Y	Z

項目	扣分項目	扣分			
		100	50	25	10
A. 零分計	1. 無成品。 2. 成品未熟(a)外表、(b)內部、(c)底部、(d)內餡。 3. 操作未符合試題說明(a)成品重量、(b)大小規格、(c)餡料種類、(d)成品數量。 4. 其他（請註明原因）。	W			
Q. 產品品質	1. 酥皮蛋塔外觀符合試題說明但有缺失(a)表面需具均勻的色澤、(b)大小一致、(c)外型完整不可破損、(d)表面光滑（微凹）而濕潤、(e)表面不可有未凝結的蛋液、(f)凹陷、(g)底部不可焦黑、(h)冷卻後表面不可裂開、(i)每個熟重60±5%公克。 2. 酥皮蛋塔內部符合試題說明但有缺失(a)切開後中央不可有未熟的生餡、(b)餡料需柔軟、(c)塔皮酥軟、(d)內外不可有異物、(e)無異味、(f)有良好的口感。 3. 龍鳳喜餅外觀符合試題說明但有缺失(a)表面需具均勻的金黃色澤、(b)大小一致、(c)不變形、(d)外型完整不可破損、(e)表面印紋清晰、(f)不可有裂紋（可見到餡）、(g)爆餡、(h)上下左右一致、(i)不可有明顯裙腳、(j)表面不可烤焦、(k)底部不可焦黑、(l)嚴重沾粉、(m)每個熟重450±5%公克。 4. 龍鳳喜餅內部符合試題說明但有缺失(a)切開後皮餡間需完全熟透、(b)不可有皮餡混合之現象、(c)餅皮鬆軟、(d)內外不可有異物、(e)無異味、(f)有良好的口感。 5. 台式椰蓉月餅外觀符合試題說明但有缺失(a)表面需具均勻的金黃色澤、(b)大小一致、(c)不變形、(d)外型完整不可破損、(e)表面印紋清晰、(f)不可有裂紋（可見到餡）、(g)爆餡、(h)上下左右一致、(i)不可有明顯裙腳、(j)表面不可烤焦、(k)底部不可焦黑、(l)嚴重沾粉、(m)每個熟重92±5%公克。 6. 台式椰蓉月餅內部符合試題說明但有缺失(a)切開後皮餡之間需完全熟透、(b)不可有皮餡混合之現象、(c)餅皮鬆酥、(d)內餡不可潰散、(e)內外不可有異物、(f)椰蓉味、(g)有良好的口感。 7. 酥皮椰塔外觀符合試題說明但有缺失(a)表面需具均勻的色澤、(b)大小一致、(c)外型完整不可破損、(d)表面不可烤焦、(e)底部不可焦黑、(f)每個熟重60±5%公克。		X	Y	Z

項目	扣分項目	扣分			
		100	50	25	10
Q. 產品品質（續）	8. 酥皮椰塔內部符合試題說明但有缺失(a)切開後中間不可有未熟的生餡、(b)餡料需鬆軟而不潰散、(c)塔皮鬆酥、(d)內外不可有異物、(e)椰蓉味、(f)有良好的口感。 9. 金露酥外觀符合試題說明但有缺失(a)表面需具均勻的金黃色澤、(b)大小一致、(c)不變形、(d)外型略呈下滑（底較大）、(e)表面可有輕微裂紋但不可見到餡、(f)底部不可焦黑、(g)每個熟重40±5%公克。 10. 金露酥內部符合試題說明但有缺失(a)切開後皮餡之間需完全熟透、(b)皮鬆酥、(c)內外不可有異物、(d)無異味、(e)有良好的口感。		X	Y	Z

(1-5) 自訂參考配方表

＊務必使用中部辦公室網頁下載之表格，此頁僅供參考。

應檢人姓名：＿＿＿＿＿＿＿＿＿＿＿＿　　應檢編號：＿＿＿＿＿＿＿＿＿＿＿＿

產品名稱		產品名稱		產品名稱	
原料名稱	百分比	原料名稱	百分比	原料名稱	百分比

備註：

1. 本表由應檢人試前填寫，可攜到考場參考，只准填原料名稱及百分比，如夾帶其他資料以作弊論。（不夠填寫，自行影印或至本中心網站首頁／便民服務／表單下載／09600 中式麵食加工配方表區）下載使用。

2. 本表可打字或手寫，可畫線但不可註明麵糰名稱（如油皮、油酥等）。

3. 不可使用不同格式或非本表（不同標頭）的參考配方表。

1-6 製作報告表

＊依照術科考場提供為主，此頁僅供參考。

製作報告表（一）

應檢人姓名：＿＿＿＿＿＿＿＿＿　　應檢編號：＿＿＿＿＿＿＿＿＿

產品名稱：＿＿＿＿＿＿＿＿＿　　　製作數量：＿＿＿＿＿＿＿＿＿

製作說明：＿＿＿＿＿＿＿＿＿

原料名稱		百分比 (%)	重量（公克）	單價（元／公斤）	原料金額（元）

備註：

1. 水 % 需列入計算、用水量不列入成本計算。

2. 單價與原料金額請以考場提供的「材料單價表」作成本計算用，未列表之材料用 0 元計算，油炸油以 1 公斤計算，成本計算時四捨五入以整數計算。

   （單價與原料金額及成本計算需在進入術科測試場才可填寫）

3. 考場於入場時提供考生的「材料單價表」，離（出）場時需與製作報告表一齊繳回。繳回之製作報告表如未核章則視為作弊論。

入場核章：＿＿＿＿＿＿＿＿＿

製作報告表（二）

應檢人姓名：＿＿＿＿＿＿＿＿＿＿＿　　應檢編號：＿＿＿＿＿＿＿＿＿＿＿

製作方法與條件或製作程序 （本表需進入術科測試場才可填寫）

一、製作方法與條件：（可寫流程再註明操作條件）

二、成本計算

1. 使用全部原料製作時：

原料成本／產品總重（或製作數量）＝＿＿＿＿＿＿＿／＿＿＿＿＿＿＝＿＿＿＿元／公斤（個）

2. 取部份麵皮製作時：

每個麵皮成本＋每個餡料成本＝＿＿＿＿＿＿＋＿＿＿＿＿＿＝＿＿＿＿元／個

應檢人出場簽註／簽名：＿＿＿＿＿＿＿時間：＿＿＿＿＿出場核章：＿＿＿＿＿＿＿

1-7 材料表

編號		材料名稱	單位	備註
1	麵粉	高筋、中筋、粉心、低筋、特高筋、蒸熟麵粉、油條專用粉	公斤	
2	粉類	椰子粉、速溶雞蛋布丁粉（卡士達）、糕仔粉	公斤	
3	澱粉	木薯（樹薯）、玉米、小麥（澄粉）等	公斤	
4	酵母	速溶酵母粉、新鮮	公斤	
5	奶製品	奶粉（全脂、脫脂）、鮮奶、乳酪粉等	公斤	
6	食品添加物	碳酸氫鈉（小蘇打）、泡打粉 (BP)、碳酸氫銨、乳化劑 (SP)、燒明礬（鉀、鈉、銨）、碳酸鈉（鹼粉）、鹼水、焦糖色素、色素、香草香精等	公斤	食品級
7	砂糖	細砂、二砂、糖粉、粗砂、綿白糖、黑糖（紅糖）	公斤	
8	糖漿	麥芽糖漿、轉化糖漿、果糖糖漿等	公斤	
9	固體油	奶油、烤酥油、純豬油等	公斤	
10	液體油	大豆沙拉油、花生油、油炸油、精製棕櫚油等	公斤	
11	調味料	胡椒粉、花椒粉（粒）、咖哩粉、味精、鹽、醬油、香油、米酒等	公斤	
12	豆沙餡	含油豆沙、白豆沙、綠豆沙等	公斤	
13	乾果仁	瓜子仁、葵花子仁、杏仁、核桃仁、花生仁、生（熟）白芝麻仁、生（熟）黑芝麻仁、黑芝麻粉等	公斤	
14	蜜餞	冬瓜條、鳳梨（膏）醬、葡萄乾、蜜餞、桔餅	公斤	
15	雜貨	油蔥酥、粉絲	公斤	
16	乾貨	蝦米、香菇	公斤	
17	蛋品	新鮮雞蛋、蛋黃、鹹蛋黃	公斤	
18	生鮮	大白菜、高麗菜、白蘿蔔、韭菜、青蔥、薑、洋蔥、玉米粒、紅蘿蔔、豌豆仁、蒜頭、小方豆乾等	公斤	
19	肉品	絞碎豬肉、肥豬肉、豬肉絲、叉燒肉等	公斤	

備註：

1. 本表為測試題庫之部份材料，係提供術科主辦單位於考前採購參考用。

2. 測試單位將於測試前制定所列材料之虛擬單價（非市價），於考場內提供考生作成本計算用。

3. 未列表之材料用 0 元計算，油炸油以 1 公斤計算。

4. 成本計算時四捨五入以整數計算。

5. 本表於入場時提供考生，離（出）場時需與製作報告表一齊繳回。

(1-8) 時間配當表

每一檢定場,每日排定一場次測試,程序表如下:

時間	內容	備註
8：00~08：30	1. 監評前協調會議(含監評檢查機具設備) 2. 應檢人報到。	
8：30~08：45	1. 工作崗位、場地設備、機具及材料等作業說明。 2. 應檢人檢查設備及工具。	
08：45~09：00	1. 應檢人抽題 2. 應檢人試題說明。 3. 測試應注意事項說明。 4. 其他事項。	請參見抽題方法與抽題記錄說明。
09：00~15：00	測試時間	測試時間 6 小時
15：00~15：30	監評人員進行成品評審	
15：30~16：00	檢討會(監評人員及術科測試辦理單位視需要召開)	

備註:依時間配當表準時辦理抽籤,並依抽籤結果進行測試,遲到者或缺席者不得有異議。

MEMO

Part 02

中式麵食加工
乙級術科

基礎實務

2-1 常用材料

一、乾性材料類

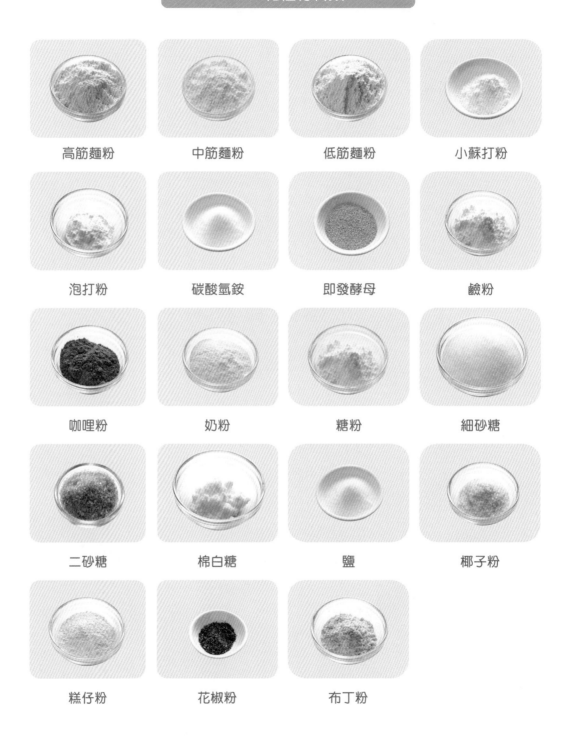

高筋麵粉	中筋麵粉	低筋麵粉	小蘇打粉
泡打粉	碳酸氫銨	即發酵母	鹼粉
咖哩粉	奶粉	糖粉	細砂糖
二砂糖	棉白糖	鹽	椰子粉
糕仔粉	花椒粉	布丁粉	

二、液體類

麥芽糖

中點轉化糖漿

全蛋

蛋黃

鮮奶

三、油脂類

雪白油

奶油

豬油

花生油

沙拉油

四、餡料類

含油烏豆沙

白豆沙

綠豆沙

五、乾果仁、蜜餞、醃漬類

熟白芝麻

生白芝麻

黑芝麻

黑芝麻粉

瓜子仁

葵花子

核桃仁

冬瓜糖

桔餅

葡萄乾

鹹蛋黃

六、新鮮食材類

絞碎豬肉

豬肥肉

洋蔥

蒜頭

2-2 常用設備

一、烘焙機具

機具名稱	規格	單位	數量	備註
工作檯	不鏽鋼（可加隔層）、桌面可使用大理石或不鏽鋼材質，80 公分 ×150 公分以上，容差 ±5 公分，附水槽及肘動式水龍頭	台	1	
攪拌機	配置 10~12 公升或 18~22 公升攪拌缸各1，3/4Hp，附鉤狀、漿狀、鋼絲攪拌器及可附安全護網	台	1	
烤箱（爐）	以電為熱源，可容納 40X60 公分以上規格烤盤，附上下火溫度控制，每層 3kw或以上	層	1	
蒸箱	以瓦斯或鍋爐為熱源，附不銹鋼網狀網盤，內部六層，每層可放網盤W40XD40XH1 公分或以上，單門或多門式，自動供水系統	台	1	每場次提供 6 台或以上，不可共用，可附小圓孔蒸盤，大小需配合蒸箱，亦可使用於發酵箱
蒸籠	雙層不鏽鋼製，直徑 40 公分以上，附底鍋與鍋蓋，瓦斯爐火力與蒸籠需配合	組	1	可附小圓孔蒸盤，大小需配合蒸籠，亦可使用於發酵箱
發酵箱	自動溫濕度控制式，2 門或以上，每台可容納 8 格（每層規格需配合烤盤與蒸盤）	格	1	每場次提供 2 台，一格 2 層

機具名稱	規格	單位	數量	備註
油炸機	以瓦斯或電熱為熱源，附平底炸網，容積 10 公升以上，內徑長度至少 45 公分	台	1	每人一台（每場次提供 3 台或以上）每場次油炸項應考人數不可超過設備數量
冷藏櫃（庫）	0℃~7℃，H180×W120×D80 公分或以上	台	1	限 16 人內共用
冷凍櫃（庫）	-20℃或以下，H180×W120×D80 公分或以上	台	1	限 16 人內共用
壓（延）麵機	2HP 以上，滾輪直徑 14 公分以上，長度 21 公分以上，滾輪間隙及轉速皆可調整，附 3 支以上捲麵棍、支架配件，可附安全護罩或護棍	台	1	滾輪長度需≦切麵條機（每場次提供 3 台或以上），限 10 人內共用

二、烘焙設備

圖片	機具名稱	規格	單位	數量	備註
	電子秤	500 公克（含）以上（精度密 0.1 公克或精密度更高）	台	1	共用（每場次提供 4 台以上）
		3 公斤（含）以上（精密度 1 公克或精密度更高）	台	1	
	溫度計	10~110℃或 150℃，不鏽鋼探針	支	1	
		電子式（-20~400℃）	支		共用（每場次提供 3 支以上）
	瓦斯爐	單爐或雙爐，火力需足夠可全面控制	台	1	

圖片	機具名稱	規格	單位	數量	備註
	刮板	塑膠製	支	1	
	砧板	長方型，塑膠製	個	1	
	刀	不鏽鋼，切原料用	支	1	
	麵刀	不鏽鋼	支	1	
	擀麵棍	長 30 及 60 公分	組	1	
	單柄擀麵棍	中點專用	支	1	
	麵粉刷	寬 8~10 公分	支	1	
	羊毛刷	寬 3~5 公分	支	1	

圖片	機具名稱	規格	單位	數量	備註
	粉篩	不鏽鋼 20~30 目，直徑 30~36 公分	個	1	
	量杯	不鏽鋼，容量 236 毫升，量比重用	個	1	
	打蛋器	不鏽鋼直立式	支	1	
	包餡匙	竹或不鏽鋼長 15~20 公分	支	1	
	炒鍋	鐵板或不鏽鋼製，內徑 36 公分以上，附鍋鏟鍋蓋	組	1	
	蒸籠布	細軟的綿布或不沾布	條	2	
	稱量原料容器	鋁、塑膠或不鏽鋼盆、鍋	個	6	
	不鏽鋼鍋	8~10 公升及 4~6 公升附蓋	組	1	

圖片	機具名稱	規格	單位	數量	備註
	平烤盤	40X60 公分左右，需配合烤箱規格	個	4	
	隔熱手套	棉或耐火材質製，全套式	雙	1	
	產品框	不鏽鋼網盤 40X60 公分左右	個	2	
	時鐘	掛鐘，直徑 30 公分或以上，附時針、分針、秒針	個	1	共用
	清潔用具	清潔劑、刷子、抹布等	組	1	
	加壓清洗裝置	1HP 以上，高壓清洗噴槍	台	1	共用
	加壓空氣機	1HP 或以上，空氣壓力 $6kg/m^2$ 或以上，加壓空氣清潔用附空氣噴槍	台	1	共用

圖片	機具名稱	規格	單位	數量	備註
	湯杓	不鏽鋼長 20 公分以上	支	1	
	產品夾	不鏽鋼長 25 公分以上	支	1	
	產品鏟	不鏽鋼寬 10 公分以上	支	1	
	長筷	竹或木製，長 40~50 公分	雙	1	
	數位液晶顯示游標卡尺	測量範圍 0~150mm 精準 0.01mm，不鏽鋼或碳纖維複合材質	支	1	測成品高度或直徑（評審用）
	出爐架或產品架	平烤盤或產品框存放架（可用台車或設置於工作檯下方）規格需配合平烤盤或產品框	層	3	每人
	淺盤	不鏽鋼成品淺盤約 28×22×1 公分（可用略同替代）	個	4	供水煮煎烙成品用

附註：每分項若需專業設備，請參考各分項所附之專業設備表。

2-3 配方比例及材料用量計算

一、基本範例

以老婆餅產品為例，製作 20 個，每個熟重 70±5% 公克之老婆餅，皮：酥：餡 = 2：1：4。

二、計算皮、酥、餡個別比例

個別重量 = 每個重量 ÷ 比例總和 × 單個比例

例：皮的重量 =70 公克 ÷(2+1+4)×2=20 公克

70 公克 ÷(1-5%)=74 公克

所以每一個老婆餅皮的生重為 20 公克，油酥與餡料公式亦如同，

1. 皮：74 公克 ÷(2+1+4)×2=21 公克
2. 酥：74 公克 ÷(2+1+4)×1=11 公克
3. 餡：74 公克 ÷(2+1+4)×4=42 公克

由以上公式可以得知皮：酥：餡的重量 =21：11：42（公克）

三、計算皮、酥、餡個別基數

皮基數 = 皮重 × 製作數量 ÷(1- 操作損耗)÷ 百分比總和

例如：皮基數 =20 公克 ×20 個 ÷(1-5%)÷195=2.159

計算出來的基數 2.159 四捨五入取到小數點第二位，故為 2.16。

酥跟餡的計算方式如同，

1. 皮：21 公克 ×20 個 ÷(1-5%)÷195=2.27
2. 酥：11 公克 ×20 個 ÷(1-5%)÷150=1.54
3. 餡：42 公克 ×20 個 ÷(1-5%)÷350=2.53

四、計算皮、酥、餡個別重量

	原料名稱	百分比	重量（公克）
油皮配方	中筋麵粉	100	227
	糖粉	10	23
	豬油	40	91
	水	45	102
	合計	195	443
油酥配方	低筋麵粉	100	154
	豬油	50	77
	合計	150	231
內餡配方	冬瓜糖	100	253
	糖粉	100	253
	豬油	25	63
	水	25	63
	糕仔粉	55	139
	肥豬肉	35	89
	熟白芝麻	10	25
	合計	350	885

材料的重量 = 基數 × 百分比

例如：

油皮：中筋麵粉的重量 =2.16×100=216 公克

　　　糖粉的重量 =2.16×10=21.6 公克

計算出來的材料重量四捨五入至個位數，故重量為 22 公克。

油酥及內餡基數亦如同以上的計算。

Part 03

中式麵食加工
乙級術科

測試試題

G 組　酥油皮麵類
H 組　糕漿皮麵類

酥油皮麵類

（壹）試題說明

一、本類麵食共十小項（編號 096-970201G~970210G）。

二、完成時限為六小時，包含二種酥油皮及一種糕漿皮產品。

三、油皮需使用攪拌機（不同產品須分別製作），油酥與餡料可選用攪拌機，烤熟需用烤箱。

四、產品製作之試題說明及要求之品質標準，係依產品而定，請參考每小項之「試題說明」。

五、產品製作重量與數量，係依產品而定，請參考每小項之「製作說明」。

六、制定製作配方時，用製作數量計算所需材料的重量，可自行加計損耗，酥油皮或產品重量需符合試題說明與製作說明，不可有剩餘油皮、油酥、內餡或表飾原料。製作配方於製作後不可再修改，監評會核對配方表與實作重量。

七、麵糰與餡料製備之所有操作程序需完全符合衛生標準規範；所需重量應確實計算，不可剩餘，也不得分多次製作。

八、本類麵食共用材料（每項產品）

編號	名稱	材料規格	單位	數量	備註
1	高筋麵粉	符合國家標準 (CNS) 規格	公克	800	含防黏粉
2	中筋麵粉	或粉心麵粉 符合國家標準 (CNS) 規格	公克	800	含防黏粉
3	低筋麵粉	符合國家標準 (CNS) 規格	公克	800	
4	砂糖	細砂糖	公克	600	
5	糖粉	市售純糖粉	公克	600	
6	固體油	純豬油、奶油、烤酥油	公克	800	
7	液體油	沙拉油、棕櫚油	公克	200	
8	鹽	精製	公克	30	

備註：

1. 考生制定配方，需依本類麵食共用材料與各小項產品之專用材料表內所列之材料自由選用。

2. 所選用之材料重量不可超出所定之重量範圍。各類食品添加物之使用範圍及限量應符合食品安全衛生管理法第 18 條訂定「食品添加物使用範圍及限量暨規格標準」。

3. 『水』任意使用，不限重量，不計成本。

九、本類麵食專業設備（每人份）

編號	名稱	設備規格	單位	數量	備註
1	扎洞器	塑膠或不鏽鋼，直徑 8±1 公分，至少可札 20 洞或以上	個	1	老婆餅用
2	叉子	不鏽鋼，長柄叉子（吃西餐用之叉子）	支	1	咖哩餃用
3	圓形空心壓模	不鏽鋼，內徑 6、8、9 公分 3 種，高 1.5 公分左右	組	1	酥油皮用
4	塔模	鋁箔製，上大底小之淺模型，上直徑 8 公分，高 2~3 公分，容積 75±5 毫升	個	30	
5	墊紙	8×8 公分	張	60	饅頭紙

老婆餅

酥油
皮麵類
01G

▶ 試題說明

1. 用油皮、油酥製作酥油皮。以小包酥方式，油皮包油酥，以手工擀捲成多層次之酥油皮，包入自調餡料，整成扁圓型，表面札洞，刷蛋黃液，烤熟後之產品。

2. 產品表面需具均勻的金黃色澤、大小一致、外型完整不可露餡或爆餡或未包緊、底部不可焦黑或未烤熟；切開後酥油皮需有明顯而均勻的層次、皮餡之間需完全熟透、皮鬆酥、餡軟呈半透明、底部不可有硬厚麵糰、內外不可有異物、無異味、具有良好的口感。

製作說明

1. 製作皮酥餡比 2：1：4 老婆餅，每個烤熟後重 70±5% 公克直徑 8±1 公分。

2. 製作數量：

    (1) 20 個。

    (2) 22 個。

    (3) 24 個。

專用材料（每人份）

編號	名稱	材料規格	單位	數量	備註
1	蛋	生鮮雞蛋	公克	100	
2	熟白芝麻	市售品	公克	50	
3	冬瓜條	市售品	公克	400	
4	肥豬肉	背脂肉	公克	300	塊狀
5	糕仔粉	市售新鮮品	公克	200	

備註：考生制定配方，需依本專用材料與本類麵食之共用材料表內所列之材料自由選用，所選用之材料重量不可超出所定之重量範圍。

配方計算總表

原料名稱		百分比%	數量			計算
			20 個	22 個	24 個	
油皮	中筋麵粉	100	227	249	272	成品熟重：70±5% 公克
	糖粉	10	23	25	27	設定烤焙損耗為 5%，操作損耗 5%
	豬油	40	91	100	109	計算單個生重：70÷(1-5%)=74 公克
	水	45	102	112	122	計算個別比例生重 74÷(2+1+4)=10.6
	合計	195	443	486	530	皮：2×10.6=21 公克
油酥	低筋麵粉	100	154	170	185	酥：1×10.6=11 公克
	豬油	50	77	85	93	餡：4×10.6=42 公克
	合計	150	231	255	278	

原料名稱		百分比%	數量			計算
			20 個	22 個	24 個	
內餡	冬瓜糖	100	253	278	303	20 個：
	糖粉	100	253	278	303	皮：21×20÷(1-5%)÷195=2.27
	豬油	25	63	70	76	酥：11×20÷(1-5%)÷150=1.54
	水	25	63	70	76	餡：42×20÷(1-5%)÷350=2.53
	糕仔粉	55	139	153	167	
	肥豬肉	35	89	97	106	22 個：
	熟白芝麻	10	25	28	30	皮：21×22÷(1-5%)÷195=2.49
						酥：11×22÷(1-5%)÷150=1.70
	合計	350	885	974	1,061	餡：42×22÷(1-5%)÷350=2.78
裝飾	蛋黃液		適量	適量	適量	24 個： 皮：21×24÷(1-5%)÷195=2.72 酥：11×24÷(1-5%)÷150=1.85 餡：42×24÷(1-5%)÷350=3.03

重要注意事項	烤焙溫度
1. 切肥豬肉時，刀不鋒利，要先磨過。 2. 內餡中冬瓜糖採用攪拌器打碎。 3. 內餡攪拌均勻即可，否則內餡會過軟。 4. 外觀注意要求直徑 8±1 公分。 5. 需扎洞，刷 2 次蛋黃液裝飾。	上火 220℃ 下火 190℃

老婆餅流程圖

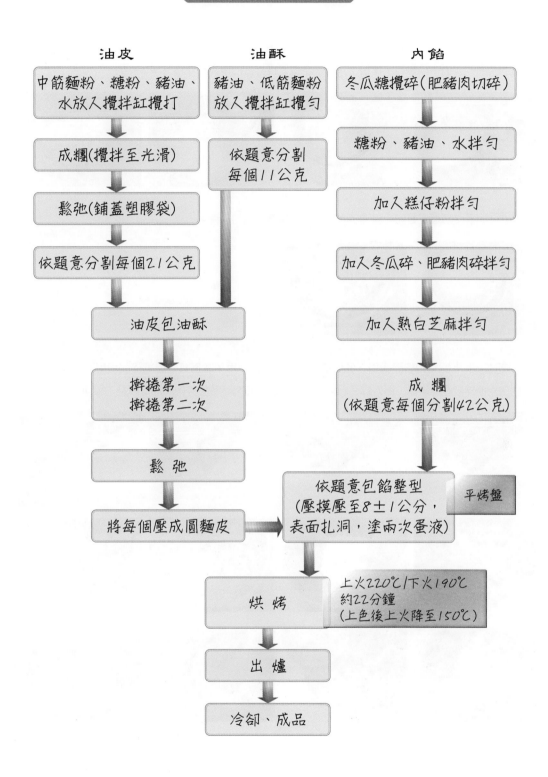

油皮	油酥	內餡
中筋麵粉、糖粉、豬油、水放入攪拌缸攪打	豬油、低筋麵粉放入攪拌缸攪勻	冬瓜糖攪碎(肥豬肉切碎)
成糰(攪拌至光滑)	依題意分割每個11公克	糖粉、豬油、水拌勻
鬆弛(鋪蓋塑膠袋)		加入糕仔粉拌勻
依題意分割每個21公克		加入冬瓜碎、肥豬肉碎拌勻
油皮包油酥		加入熟白芝麻拌勻
擀捲第一次 擀捲第二次		成 糰(依題意每個分割42公克)
鬆 弛		
將每個壓成圓麵皮		

依題意包餡整型 (壓摸壓至8±1公分,表面扎洞,塗兩次蛋液)　平烤盤

烘 烤　上火220℃/下火190℃ 約22分鐘 (上色後上火降至150℃)

出 爐

冷卻、成品

步驟圖說

1. 材料秤重。

2. 油皮製作：將中筋麵粉、糖粉、豬油、水放入攪拌缸內攪拌至麵糰光滑後鬆弛。

3. 油酥製作：將低筋麵粉、豬油放入攪拌缸內攪拌至均勻成糰。

4. 內餡製作：肥豬肉切碎備用，冬瓜糖先倒入攪拌機利用葉狀攪打，成細碎狀備用。糖粉、豬油、水倒入攪拌缸裡拌勻後，倒入糕仔粉拌勻，再倒入肥豬肉、冬瓜碎與熟白芝麻拌勻即可。

5. 分割油皮：先將油皮分成四糰，再將麵糰壓開捲起成長條狀，將麵糰一開為五，秤重。

不要
碎碎的

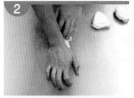

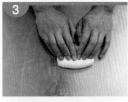

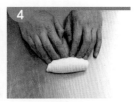

6. 分割油酥：將油酥分成四糰搓長，將油酥一分為五，秤重。

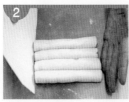

7. 分割餡料：依題意分割重量及數量，搓圓放好。

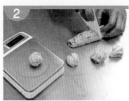

8. 油皮包油酥：油皮輕壓後，油酥放至上方，兩側油皮抓至上方輕壓，微微扭轉後壓緊鬆弛。

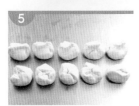

9. 二次擀捲：一次取5顆操作，先將酥油皮用手指微壓，使用擀麵棍前後擀約各2次，再捲成長條狀（此為第一次擀捲），再重複一次擀捲（此為第二次擀捲），圓柱麵皮中間壓一下，將前後面皮往中間收。

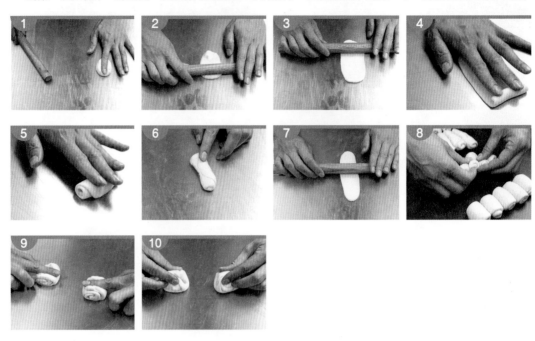

◎擀捲油皮時須注意力道，避免斷裂。

10. 包餡：利用塑膠袋將麵皮壓開，餡料放入，收口收緊。

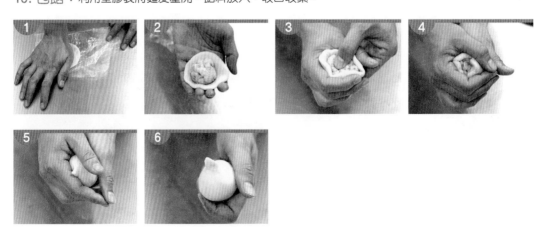

11. 整型：包餡好的餅體放入 8 公分的圓框圈，壓開，放置烤盤上，表面刷蛋黃、扎洞。

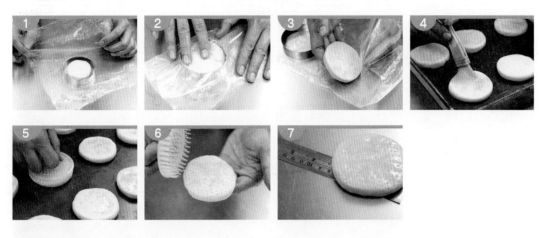

12. 入爐烤焙：上火 220℃／下火 190℃烤約 22 分鐘（上色後改用燜烤方式）。

◎表面蛋液呈現淡焦色，底部有上色即可出爐。

| 20 個 | 22 個 | 24 個 |

TIPS

1. 冬瓜糖無須泡水切細，倒入攪拌機利用葉狀攪打，再秤其他材料；其他材料秤好，冬瓜糖也剛好攪碎。

2. 包餡收口時一定要收好，不能讓餡露出來，這樣餅體壓模時才不會裂開。

3. 酥油皮要用塑膠袋蓋好，否則容易乾掉。

4. 餅皮吸水量會隨著麵粉品牌，當天氣候影響，攪拌時請多加留意。

5. 老婆餅烤熟判斷，用手輕壓側面餅體，且餅體表面和底部有上色，餅拿得起來即表示已熟，可出爐。

6. 烤焙過程：表面上色過深，可提早關上火或蓋白報紙；底部上色過深，可加套烤盤。

7. 產品稍冷即可移往成品架，若冷卻後才移動，餅底易附著水蒸氣而潮濕。

椰蓉酥

★★ 096-970202G ★★

▶ 試題說明

1. 用油皮、油酥製作酥油皮。以小包酥方式,油皮包油酥,以手工擀捲成多層次之酥油皮,包入自調椰蓉餡,擀長後摺成三層,表面沾椰子粉,烤熟後之產品。

2. 產品表面需具均勻的金黃色澤、大小一致、外型完整不可露餡或爆餡、底部不可焦黑或未烤熟;切開後酥油皮需有明顯而均勻的三層、皮餡之間需完全熟透、皮鬆酥、餡鬆軟、底部不可有硬厚麵糰、內外不可有異物、具椰蓉香無其他異味、有良好的口感。

製作說明

1. 製作皮酥餡比 2：1：2 椰蓉酥，每個烤熟後重 50±5% 公克長寬比約 2：1。
2. 製作數量：
   (1) 20 個。
   (2) 22 個。
   (3) 24 個。

專用材料（每人份）

編號	名稱	材料規格	單位	數量	備註
1	蛋	生鮮雞蛋	公克	200	
2	奶油	市售品，桶裝	公克	150	
3	椰子粉	市售品，白色細絲	公克	400	

備註：考生制定配方，需依本專用材料與本類麵食之共用材料表內所列之材料自由選用，所選用之材料重量不可超出所定之重量範圍。

配方計算總表

原料名稱		百分比%	數量			計算
			20 個	22 個	24 個	
油皮	中筋麵粉	100	227	249	272	成品熟重：50±5% 公克
	糖粉	10	23	25	27	設定烤焙損耗為 5%，操作損耗 5%
	豬油	40	91	100	109	計算單個生重：50÷(1-5%)=53 公克
	水	45	102	112	122	計算個別比例生重
	合計	195	443	486	530	53÷(2+1+2)=10.6
油酥	低筋麵粉	100	154	170	185	皮：2×10.6=21 公克
	豬油	50	77	85	93	酥：1×10.6=11 公克
	合計	150	231	255	278	餡：2×10.6=21 公克

原料名稱		百分比%	數量			計算
			20 個	22 個	24 個	
內餡	糖粉	75	105	116	126	20 個： 皮：21×20÷(1-5%)÷195=2.27 酥：11×20÷(1-5%)÷150=1.54 餡：21×20÷(1-5%)÷315=1.40 22 個： 皮：21×22÷(1-5%)÷195=2.49 酥：11×22÷(1-5%)÷150=1.70 餡：21×22÷(1-5%)÷315=1.54 24 個： 皮：21×24÷(1-5%)÷195=2.72 酥：11×24÷(1-5%)÷150=1.85 餡：21×24÷(1-5%)÷315=1.68
	奶油	45	63	69	76	
	蛋	50	70	77	84	
	椰子粉	45	63	69	76	
	低筋麵粉	100	140	154	168	
	合計	315	441	485	530	
裝飾	椰子粉		適量	適量	適量	

重要注意事項	烤焙溫度
1. 油皮、油酥、內餡若有剩不要分掉，避免成品過重。 2. 椰子粉不需過篩，先以低粉過篩後再加入椰子粉。 3. 內餡攪拌均勻即可，太軟可入冷藏。 4. 包餡後擀長時摺前，後兩端可用剪刀戳洞，餅體交疊處才容易熟透。 5. 外觀注意要求長寬比約 2:1（擀 12 公分：6 公分）。 6. 刷蛋白沾椰子粉裝飾。	上火 170℃ 下火 200℃

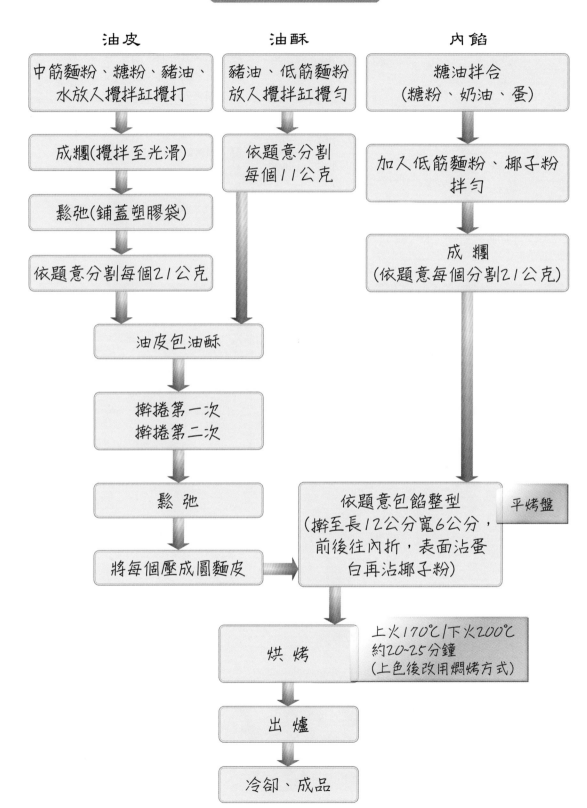

椰蓉酥流程圖

油皮

中筋麵粉、糖粉、豬油、水放入攪拌缸攪打

↓

成糰(攪拌至光滑)

↓

鬆弛(鋪蓋塑膠袋)

↓

依題意分割每個21公克

↓

油酥

豬油、低筋麵粉放入攪拌缸攪勻

↓

依題意分割每個11公克

↓

內餡

糖油拌合
(糖粉、奶油、蛋)

↓

加入低筋麵粉、椰子粉拌勻

↓

成糰
(依題意每個分割21公克)

油皮包油酥

↓

擀捲第一次
擀捲第二次

↓

鬆弛

↓

將每個壓成圓麵皮

→

依題意包餡整型
(擀至長12公分寬6公分，前後往內折，表面沾蛋白再沾椰子粉)

平烤盤

↓

烘烤

上火170℃/下火200℃
約20~25分鐘
(上色後改用燜烤方式)

↓

出爐

↓

冷卻、成品

步驟圖說

1. 材料秤重。

2. 油皮製作：將中筋麵粉、糖粉、豬油、水放入攪拌缸內攪拌至麵糰光滑後鬆弛。

3. 油酥製作：將低筋麵粉、豬油放入攪拌缸內攪拌至均勻成糰。

4. 內餡製作：糖粉、奶油先拌勻，將蛋液須分次加入拌勻，最後倒入低筋麵粉、椰子粉拌勻。

5. 分割油皮：先將油皮分成四糰，再將麵糰壓開捲起成長條狀，將麵糰一開為五，秤重。

不要
碎碎的

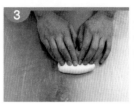

6. 分割油酥：將油酥分成四糰搓長，將油酥一分為五，秤重。

7. 分割餡料：依題意分割重量及數量，搓圓備用。

8. 油皮包油酥：油皮輕壓後，油酥放至上方，兩側油皮抓至上方輕壓，微微扭轉後壓緊鬆弛。

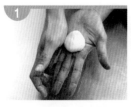

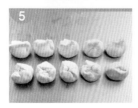

9. 二次擀捲：一次取5顆操作，先將酥油皮用手指微壓，使用擀麵棍前後擀約各2次，再捲成長條狀（此為第一次擀捲），再重複一次擀捲（此為第二次擀捲），將圓柱麵皮中間壓一下，將前後面皮往中間收。

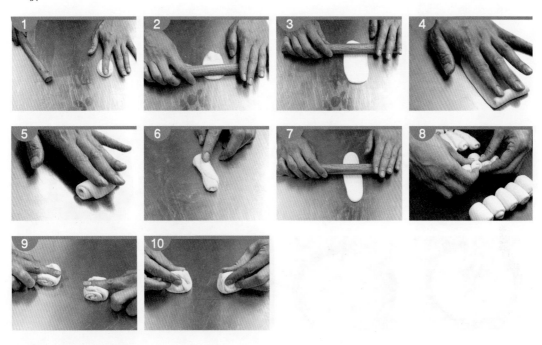

◎擀捲油皮時須注意力道，避免斷裂。

10. 包餡：利用塑膠袋將麵皮壓開，餡料放入，收口收緊。

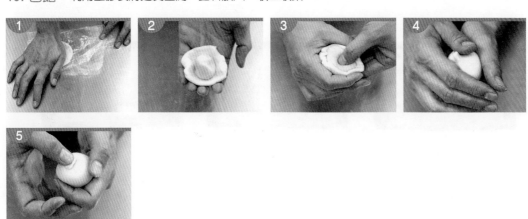

11. **整型**：將包餡好的餅體，擀開至長 12 公分、寬 6 公分，後面兩端採用剪刀戳洞，由下往上折 1/3，再由上往下折 1/3，利用擀麵棍從接縫處壓一下，稍微擀平，表面沾或刷蛋白再沾椰子粉，放置烤盤上。

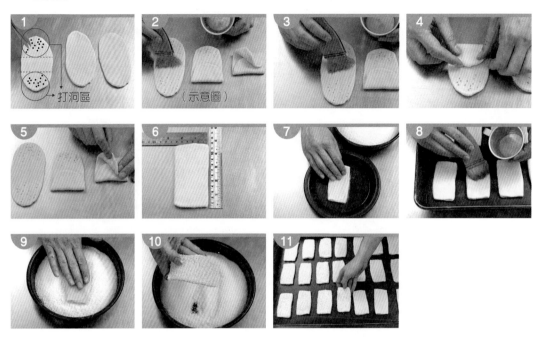

12. **入爐烤焙**：上火 170℃／下火 200℃烤約 20~25 分鐘（上色後改用燜烤方式）。

◎判斷：表面椰子粉呈現淡焦色，底部有上色即可出爐。

20 個　　　　　　　22 個　　　　　　　24 個

1. 每個餅體大致上大小需一致。

2. 烤焙過程中，12~15 分鐘著色掉頭，關上火，續燜至熟。

3. 酥油皮盡量要蓋好，否則容易乾掉。

4. 餅皮吸水量會隨著麵粉品牌，當天氣候影響，攪拌時請多加留意。

5. 避免成品切開中間如有水線，所以整型時擀開頭尾打洞透氣。

6. 烤焙過程如：表面上色過深，可提早關上火或蓋白報紙；底部上色過深，可加套烤盤。

7. 椰蓉酥烤熟判斷，用手輕壓側面餅體有硬實，且餅體表面的椰子粉和底部有上色，餅拿得起來即表示已熟，可出爐。

8. 產品稍冷即可移往成品架，若冷卻後才移動，餅底易附著水蒸氣而潮濕。

NG 說明

外觀需一致，並符合題意長寬約 2：1。

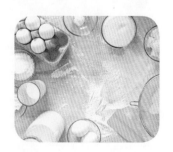

太陽餅
★★ 096-970203G ★★

酥油
皮麵類

03G

▶ 試題說明

1. 用油皮、油酥製作酥油皮。以小包酥方式，油皮包油酥，以手工擀捲成多層次之酥油皮，包入自調餡料，擀成扁圓型，表面不需刷蛋黃液或任何點綴，烤熟後之產品。

2. 產品表面需具均勻的色澤、大小一致、外型完整不可露餡或爆餡或未包緊、底部不可焦黑或未烤熟；切開後酥油皮需有明顯而均勻的層次、皮餡之間需完全熟透、皮鬆酥、餡柔軟呈半透明、底部不可有硬厚麵糰、內外不可有異物、無異味、具有良好的口感。

1. 製作皮酥餡比 2：1：1 太陽餅，每個烤熟後重 60±5% 公克直徑 10±1 公分，高度不可超過 3 公分。

2. 製作數量：

    (1) 20 個。

    (2) 22 個。

    (3) 24 個。

專用材料（每人份）

編號	名稱	材料規格	單位	數量	備註
1	奶油	市售品	公克	200	
2	麥芽糖	84±1°Brix	公克	200	

備註：考生制定配方，需依本專用材料與本類麵食之共用材料表內所列之材料自由選用，所選用之材料重量不可超出所定之重量範圍。

配方計算總表

原料名稱		百分比%	數量			計算
			20 個	22 個	24 個	
油皮	中筋麵粉	100	345	380	415	成品熟重：60±5% 公克
	糖粉	10	35	38	42	設定烤焙損耗為 5%，操作損耗 5%
	豬油	40	138	152	166	計算單個生重：60÷(1-5%)=63 公克
	水	45	155	171	187	計算個別比例生重 63÷(2+1+1)=16
	合計	195	673	741	810	皮：2×16=32 公克
油酥	低筋麵粉	100	225	247	269	酥：1×16=16 公克 餡：1×16=16 公克
	豬油	50	113	124	135	
	合計	150	338	371	404	

原料名稱		百分比%	數量			計算
			20 個	22 個	24 個	
內餡	糖粉	100	135	148	162	20 個： 皮：32×20÷(1-5%)÷195=3.45 酥：16×20÷(1-5%)÷150=2.25 餡：16×20÷(1-5%)÷250=1.35 22 個： 皮：32×22÷(1-5%)÷195=3.80 酥：16×22÷(1-5%)÷150=2.47 餡：16×22÷(1-5%)÷250=1.48 24 個： 皮：32×24÷(1-5%)÷195=4.15 酥：16×24÷(1-5%)÷150=2.69 餡：16×24÷(1-5%)÷250=1.62
	麥芽糖	30	41	44	49	
	奶油	30	41	44	49	
	水	7	9	10	11	
	低筋麵粉	83	112	123	134	
	合計	250	338	369	405	

重要注意事項	烤焙溫度
1. 油皮需打久點，打至表皮呈現光滑，筋度飽和。 2. 內餡攪拌均勻即可，最後以手壓成糰。 3. 酥油皮若很乾，可噴點水。 4. 包餡前，內餡若很硬，可稍揉軟再包。 5. 包餡後，也可用配菜盤稍微壓，鬆弛，再壓大。 6. 注意要求直徑 10±1，最後以擀麵棍擀至 11 公分。 7. 烤前需鬆弛 20~30 分鐘。 8. 可壓烤盤烤焙，避免成品高度超過 3 公分。	上火 180℃ 下火 200℃

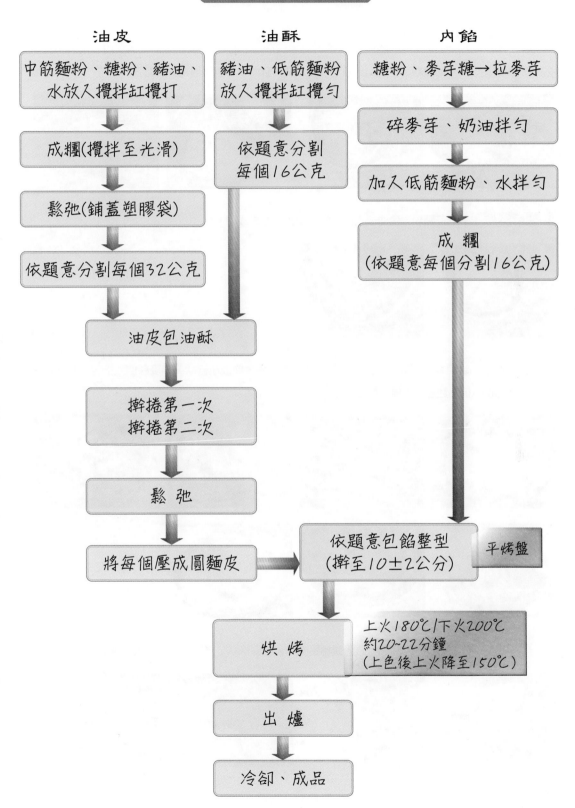

太陽餅流程圖

油皮

中筋麵粉、糖粉、豬油、水放入攪拌缸攪打

↓

成糰(攪拌至光滑)

↓

鬆弛(鋪蓋塑膠袋)

↓

依題意分割每個32公克

油酥

豬油、低筋麵粉放入攪拌缸攪勻

↓

依題意分割每個16公克

內餡

糖粉、麥芽糖→拉麥芽

↓

碎麥芽、奶油拌勻

↓

加入低筋麵粉、水拌勻

↓

成 糰
(依題意每個分割16公克)

油皮包油酥

↓

擀捲第一次
擀捲第二次

↓

鬆 弛

↓

將每個壓成圓麵皮 → 依題意包餡整型
(擀至10±2公分)　平烤盤

↓

烘 烤　上火180℃/下火200℃
約20-22分鐘
(上色後上火降至150℃)

↓

出 爐

↓

冷卻、成品

步驟圖說

1. 材料秤重。

2. 油皮製作：將中筋麵粉、糖粉、豬油、水放入攪拌缸內攪拌至麵糰光滑後鬆弛。

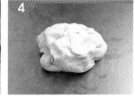

3. 油酥製作：將低筋麵粉、豬油放入攪拌缸內攪拌至均勻成糰。

4. 內餡製作：利用糖粉將麥芽糖拉開，防止麥芽糖黏手，撕成小碎狀，碎麥芽倒入攪拌缸加入奶油拌勻，再倒入低筋麵粉、水拌勻即可。

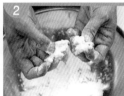

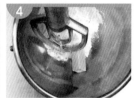

5. 分割油皮：先將油皮分成四糰，再將麵糰壓開捲起成長條狀，將麵糰一開為五，秤重。

不要碎碎的

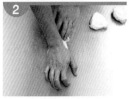
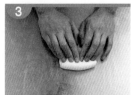

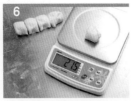

6. 分割油酥：將油酥分成四糰搓長，將油酥一分為五，秤重。

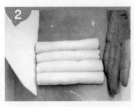
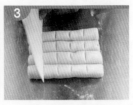

7. 分割餡料：依題意分割 16 公克，表面裹粉滾圓備用。

8. 油皮包油酥：將油皮輕壓後，將油酥放至上方，將兩側油皮抓至上方輕壓，微微扭轉後壓緊鬆弛。

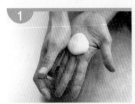
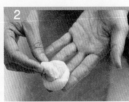

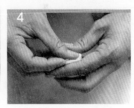

9. 二次擀捲：一次取5顆操作，先將酥油皮用手指微壓，使用擀麵棍前後擀約各2次，再捲成長條狀（此為第一次擀捲），再重複一次擀捲（此為第二次擀捲），將圓柱麵皮中間壓一下，將前後面皮往中間收。

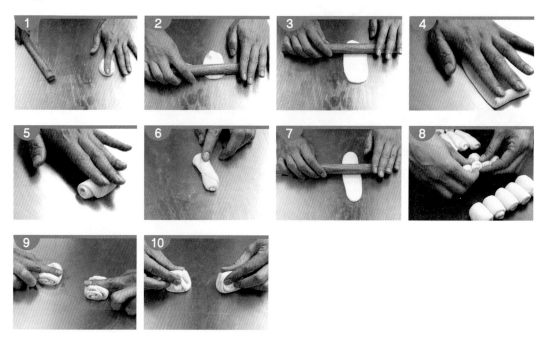

◎擀捲油皮時須注意力道，避免斷裂。

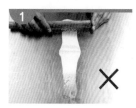

10. 包餡：利用塑膠袋將麵皮壓開，餡料放入，收口收緊。

 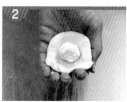  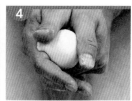

11. 整型：先將鬆弛後的太陽餅微壓，先擀正面再反面擀，依照題意擀至 10±2 公分，放置烤盤上。

12. 入爐烤焙：需壓烤盤烤（餅體上面加一張烤焙紙），再蓋烤盤，入爐，上火 180℃／下火 200℃
烤約 20~22 分鐘（壓烤盤目的：避免成品高度超過 3 公分）。

◎判斷：表面呈現淡黃色，底部有上色即可出爐。

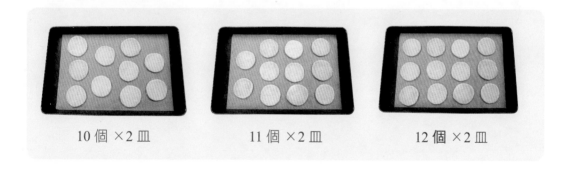

| 10 個 ×2 皿 | 11 個 ×2 皿 | 12 個 ×2 皿 |

G

1. 烤焙時間過久時，會因糖餡過久滾燙而衝破皮。

2. 烤焙過程中，12~15 分鐘著色掉頭，關上火，續燜至熟。

3. 酥油皮盡量要蓋好，否則容易乾掉。

4. 餅皮吸水量會隨著麵粉品牌，當天氣候影響，攪拌時請多加留意。

5. 外觀整型可以用擀麵棍擀大，也可用配菜盤壓大。

6. 太陽餅烤熟判斷，用手輕壓側面餅體，且餅體底部為淡焦褐色（上色），餅拿得起來即表示已熟，可出爐。

7. 產品稍冷即可移往成品架，若冷卻後才移動，餅底易附著水蒸氣而潮濕。

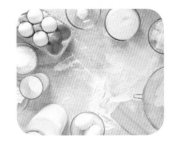

咖哩餃

★ ★ 096-970204G ★ ★

酥油
皮麵類

04G

▶ 試題說明

1. 用油皮、油酥製作酥油皮。以小包酥方式，油皮包油酥，以手工擀捲成多層次之酥油皮，包入自調咖哩餡，整成半圓型，接縫邊用手摺紋，表面刷蛋黃液，用白芝麻點綴（可扎洞），烤熟後之產品。

2. 產品表面需具均勻的金黃色澤、大小一致、外型完整不可露餡爆餡、捏合處不可開口、底部不可焦黑或未烤熟；切開後酥油皮需有明顯而均勻的層次、皮餡之間需完全熟透、皮鬆酥、餡不可成糰、內外不可有異物、具咖哩味無其他異味、有良好的口感。

製作說明

1. 製作皮酥餡比 2：1：2 咖哩餃，每個烤熟後重 50±5% 公克摺紋 10 摺以上。
2. 製作數量：
   (1) 20 個。
   (2) 22 個。
   (3) 24 個。

專用材料（每人份）

編號	名稱	材料規格	單位	數量	備註
1	絞碎豬肉	冷凍肉需解凍	公克	400	
2	咖哩粉	市售品	公克	20	
3	洋蔥	市售生鮮品	公克	300	
4	蛋	生鮮雞蛋	公克	200	刷表面用
5	調味料	味精等	公克	10	一般調味料
6	白芝麻	乾淨市售生鮮品	公克	100	表面用

備註：考生制定配方，需依本專用材料與本類麵食之共用材料表內所列之材料自由選用，所選用
　　　之材料重量不可超出所定之重量範圍。

配方計算總表

原料名稱		百分比%	數量			計算
			20 個	22 個	24 個	
油皮	中筋麵粉	100	227	249	272	成品熟重：50±5% 公克
	糖粉	10	23	25	27	設定烤焙損耗為 5%，操作損耗 5%
	豬油	40	91	100	109	計算單個生重：50÷(1-5%)=53 公克
	水	45	102	112	122	計算個別比例生重
	合計	195	443	486	530	53÷(2+1+2)=10.6
油酥	低筋麵粉	100	154	170	185	皮：2×10.6=21 公克 酥：1×10.6=11 公克
	豬油	50	77	85	93	餡：2×10.6=21 公克
	合計	150	231	255	278	

原料名稱		百分比%	數量			計算
			20 個	22 個	24 個	
內餡	絞碎豬肉	100	305	336	366	20 個：
	沙拉油	6	18	20	22	皮：21×20÷(1-5%)÷195=2.27
	洋蔥	40	122	134	146	酥：11×20÷(1-5%)÷150=1.54
	咖哩粉	3	9	10	11	餡：21×20÷(1-5%)÷172=2.57
	鹽	1	3	3	4	
	細砂糖	2	6	7	7	22 個：
	低筋麵粉	5	15	17	18	皮：21×22÷(1-5%)÷195=2.49
	水	15	46	50	55	酥：11×22÷(1-5%)÷150=1.70
	合計	172	524	577	629	餡：21×22÷(1-5%)÷172=2.83
裝飾	蛋黃液		適量	適量	適量	24 個：
	生白芝麻		適量	適量	適量	皮：21×24÷(1-5%)÷195=2.72
						酥：11×24÷(1-5%)÷150=1.85
						餡：21×24÷(1-5%)÷172=3.08

重要注意事項	烤焙溫度
1. 考場提供絞碎豬肉，判斷油脂比較多（肥肉）多，需加 100 克，避免內餡不夠。 2. 內餡需先炒，放置冷卻後再包餡。 3. 酥油皮需擀大一點，再去包內餡，對摺後摺紋裝飾。 4. 外觀需扎洞，以蛋黃液、生白芝麻裝飾。	上火 220℃ 下火 200℃

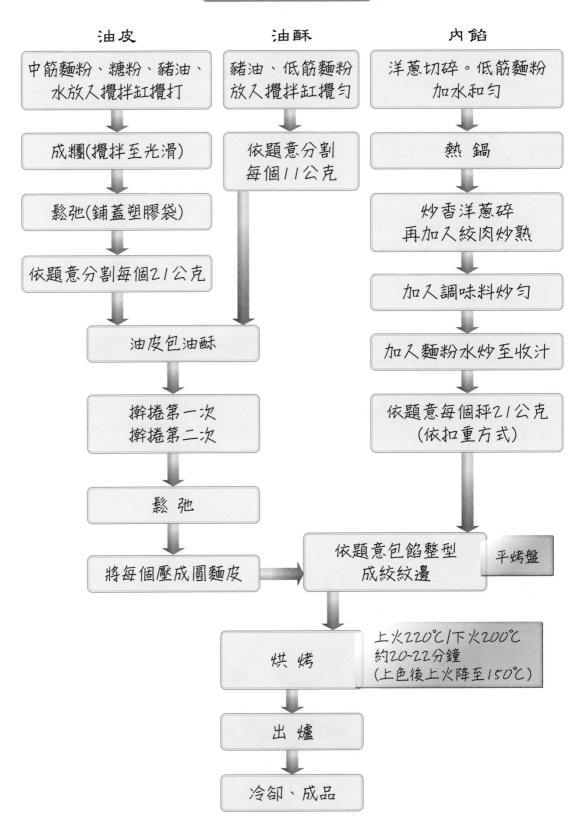

咖哩餃流程圖

油皮	油酥	內餡
中筋麵粉、糖粉、豬油、水放入攪拌缸攪打	豬油、低筋麵粉放入攪拌缸攪勻	洋蔥切碎。低筋麵粉加水和勻
成糰(攪拌至光滑)	依題意分割每個11公克	熱 鍋
鬆弛(鋪蓋塑膠袋)		炒香洋蔥碎再加入絞肉炒熟
依題意分割每個21公克		加入調味料炒勻
油皮包油酥		加入麵粉水炒至收汁
擀捲第一次 擀捲第二次		依題意每個秤21公克 (依扣重方式)
鬆 弛		
將每個壓成圓麵皮		依題意包餡整型成絞紋邊 → 平烤盤

烘烤 — 上火220℃/下火200℃ 約20~22分鐘 (上色後上火降至150℃)

出 爐

冷卻、成品

中式麵食加工乙級技能檢定 學／術科教戰指南

步驟圖說

1. 材料秤重。

2. 油皮製作：將中筋麵粉、糖粉、豬油、水放入攪拌缸內攪拌至麵糰光滑後鬆弛。

   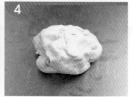

3. 油酥製作：將低筋麵粉、豬油放入攪拌缸內攪拌至均勻成糰。

4. 內餡製作：洋蔥先切絲再切碎備用，低筋麵粉和水先和勻。

先熱鍋，炒香洋蔥碎，再加入絞肉炒熟，再加入調味料炒勻，最後加入麵粉水，炒至收汁。

  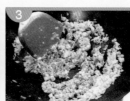 

5. 分割油皮：先將油皮分成四糰，再將麵糰壓開捲起成長條狀，將麵糰一開為五，秤重。

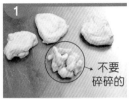 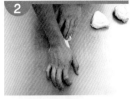 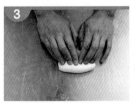 

不要碎碎的

6. 分割油酥：將油酥分成四糰搓長，將油酥一分為五，秤重。

7. 油皮包油酥：將油皮輕壓後，將油酥放至上方，將兩側油皮抓至上方輕壓，微微扭轉後壓緊鬆弛。

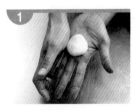   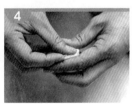

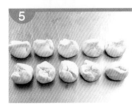

8. 二次擀捲：一次取5顆操作，先將酥油皮用手指微壓，使用擀麵棍前後擀約各2次，再捲成長條狀（此為第一次擀捲），再重複一次擀捲（此為第二次擀捲），將圓柱麵皮中間壓一下，將前後面皮往中間收。

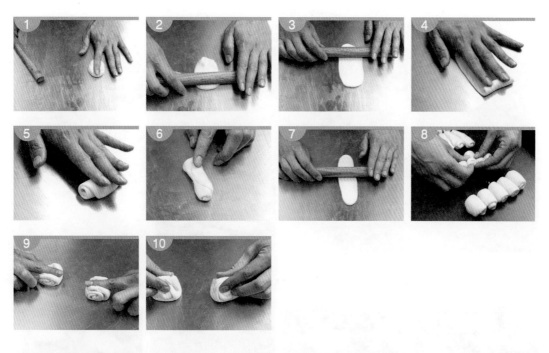

◎擀捲油皮時須注意力道，避免斷裂。

9. 包餡：先將麵皮擀開，餡料採扣重方式放在已擀開的麵皮上，將麵皮對折黏緊。

10. 整型：用大拇指和食指一邊輕壓一邊沿著圓弧向內摺，最後剩餘部分折至背面，放置烤盤。

先在表面塗抹蛋液二次，在使用規定器具從表面扎下即可，再以擀麵棍將表面沾芝麻。

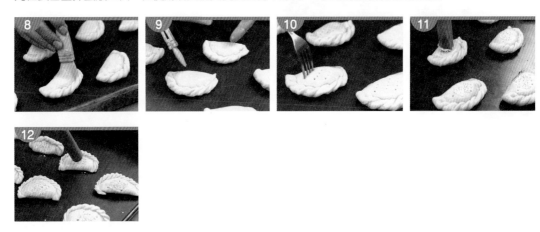

11. 入爐烤焙：上火 220℃／下火 200℃烤約 20~22 分鐘（上色後改用燜烤方式）。

◎判斷：表面呈現金黃色，底部呈現較深的褐色即可出爐。

| 20 個 | 22 個 | 24 個 |

◆ TIPS ◆

1. 炒肉餡時，盡量用少一點沙拉油，因放涼時容易滲油，整型不好操作。

2. 包肉餡時，咖哩盡量不要沾到皮的上緣，因比較多油怕黏不太起來。

3. 酥油皮盡量要蓋好，否則容易乾掉。

4. 餅皮吸水量會隨著麵粉品牌，當天氣候影響，攪拌時請多加留意。

5. 咖哩餃烤熟判斷，表面蛋黃液和底部成淡焦褐色（上色），餅體拿得起來即表示已熟，可出爐。

6. 烤焙過程中，12~15 分鐘著色掉頭，關上火，續燜至熟。

7. 烤焙過程，如表面上色過深，可提早關上火或蓋白報紙；底部上色過深，可加套烤盤。

8. 產品稍冷即可移往成品架，若冷卻後才移動，餅底易附著水蒸氣而潮濕。

特別說明

整型可以站立，或是平躺烤焙。

站立　　平躺

芝麻喜餅
★★ 096-970205G ★★

▶ 試題說明

1. 用油皮製作餅皮。包入自調餡料，擀成扁圓型，一面沾白芝麻（可扎二洞），另一面不作任何裝飾，經兩面烤熟之產品。

2. 產品表面需具均勻的金黃色澤、大小一致、外型完整不可露餡或爆餡或未包緊、底部不可焦黑或未烤熟、芝麻不可嚴重脫落或烤焦；切開後皮餡之間需完全熟透、皮鬆酥、餡軟硬適度、底部不可有硬厚麵糰、內外不可有異物、無異味、具有良好的口感。

製作說明

1. 製作皮餡比 1：3 芝麻喜餅，每個烤熟後重 160±5% 公克直徑 12±1 公分。

2. 製作數量：

   (1) 8 個。

   (2) 10 個。

   (3) 12 個。

專用材料（每人份）

編號	名稱	材料規格	單位	數量	備註
1	熟麵粉	低筋麵粉蒸熟	公克	500	考場準備
2	白芝麻	市售品	公克	500	
3	麥芽糖	84±1°Brix	公克	200	
4	奶油	市售品	公克	200	
5	奶粉	市售品	公克	100	
6	葡萄乾	市售品	公克	200	
7	乳酪粉	市售品	公克	50	
8	冬瓜糖	市售品	公克	400	
9	豬肥肉	市售背脂肉	公克	300	塊狀

備註：考生制定配方，需依本專用材料與本類麵食之共用材料表內所列之材料自由選用，所選用之材料重量不可超出所定之重量範圍。

配方計算總表

原料名稱		百分比%	數量			計算
			8 個	10 個	12 個	
油皮	中筋麵粉	100	181	227	272	成品熟重：160±5% 公克
	糖粉	10	18	23	27	設定烤焙損耗為 5%，操作損耗 5%
	豬油	40	72	91	109	計算單個生重：
	水	45	81	102	122	160÷(1-5%)=168 公克
	合計	195	352	443	530	計算個別比例生重 168÷(1+3)=42

原料名稱		百分比%	數量			計算
			8 個	10 個	12 個	
內餡	冬瓜糖	120	233	292	349	皮：1×42=42 公克
	奶油	30	58	73	87	餡：3×42=126 公克
	細砂糖	100	194	243	291	
	麥芽糖	15	29	36	44	8 個：
	水	30	58	73	87	皮：42×8÷(1-5%)÷195=1.81
	鹽	1	2	2	3	餡：126×8÷(1-5%)÷546=1.94
	豬肥肉	100	194	243	291	10 個：
	熟白芝麻	10	19	24	29	皮：42×10÷(1-5%)÷195=2.27
	葡萄乾	25	49	61	73	餡：126×10÷(1-5%)÷546=2.43
	蒸熟麵粉	100	194	243	291	12 個：
	奶粉	15	29	36	44	皮：42×12÷(1-5%)÷195=2.72
	合計	546	1059	1326	1589	餡：126×12÷(1-5%)÷546=2.91
裝飾	生白芝麻		適量	適量	適量	

重要注意事項	烤焙溫度
1. 此配方無油酥。 2. 油皮若有剩不要分掉，避免成品過重。 3. 油皮需滾圓鬆弛。 4. 冬瓜糖採用攪拌器打碎。 5. 葡萄乾要先泡水。 6. 內餡攪拌均勻即可，取出入袋子中冰鎮。 7. 外觀注意要求直徑 12±1 公分，採用配菜盤壓，壓的同時注意避免爆餡。 8. 以噴水，壓生白芝麻裝飾。 9. 正面朝下去烤，中途要翻面續烤。	上火 200℃ 下火 220℃

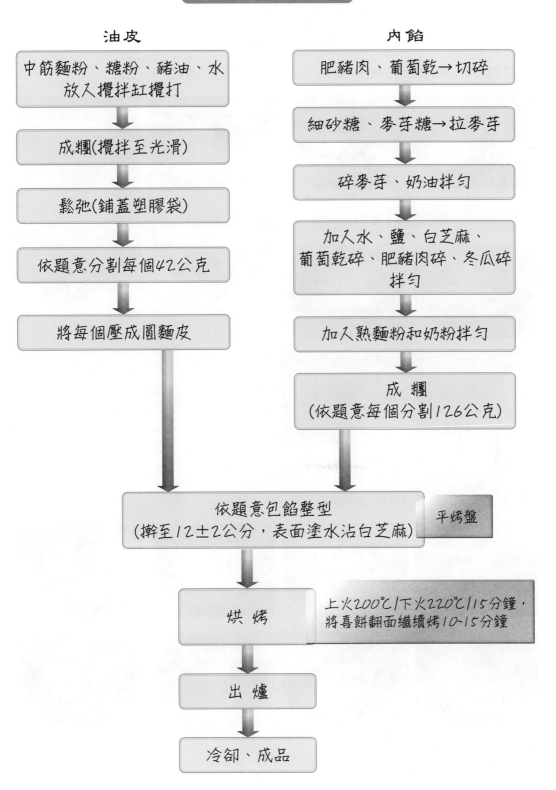

芝麻喜餅流程圖

油皮

中筋麵粉、糖粉、豬油、水放入攪拌缸攪打

↓

成糰(攪拌至光滑)

↓

鬆弛(鋪蓋塑膠袋)

↓

依題意分割每個42公克

↓

將每個壓成圓麵皮

內餡

肥豬肉、葡萄乾→切碎

↓

細砂糖、麥芽糖→拉麥芽

↓

碎麥芽、奶油拌勻

↓

加入水、鹽、白芝麻、葡萄乾碎、肥豬肉碎、冬瓜碎拌勻

↓

加入熟麵粉和奶粉拌勻

↓

成 糰
(依題意每個分割126公克)

↓

依題意包餡整型
(擀至12±2公分，表面塗水沾白芝麻)　　平烤盤

↓

烘 烤　　上火200℃/下火220℃/15分鐘，將喜餅翻面繼續烤10~15分鐘

↓

出 爐

↓

冷卻、成品

1. 材料秤重。

2. 油皮製作：將中筋麵粉、糖粉、豬油、水放入攪拌缸內攪拌至麵糰光滑後鬆弛。

3. 內餡製作：冬瓜糖先倒入攪拌缸用槳狀打碎，肥肉、葡萄乾切碎。

利用細砂糖將麥芽糖拉開，撕成小碎狀，將碎麥芽、奶油拌勻，依序加入冬瓜碎、豬肥肉、白芝麻、葡萄乾碎、水、鹽拌勻，最後再加入蒸熟麵粉跟奶粉拌勻成糰即可。

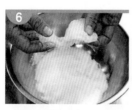   

 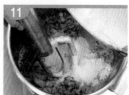 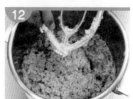 

4. 分割油皮：將油皮依題意分割，秤重。

→ 不要
碎碎的

5. 分割餡料：將餡料依題意分割，秤重。

6. 包餡：先將鬆弛好的油皮壓在手粉上，內餡放至上方，手掌微壓內餡，以大拇指壓進至另一手虎口中，用虎口二手指將油皮重疊處夾緊捏合，最後將凸出的小部分油皮壓平即可。

7. 整型：鬆弛後的芝麻喜餅微壓，先擀正面再擀反面，依照題意擀至 12±2 公分。

先在表面刷水，將表面沾白芝麻，將沾白芝麻面朝下烤焙。（白芝麻面可用切麵刀劃二刀透氣。）

8. 入爐烤焙：上火 200℃／下火 220℃烤約 15 分鐘，將喜餅翻面續烤 10~15 分鐘。

◎判斷：表面芝麻呈現金黃色，底部呈現較深的褐色即可出爐。

8 個   10 個   12 個

TIPS

1. 冬瓜糖無須泡水切細，取冬瓜糖，倒入攪拌機利用葉狀攪打，再秤其他材料，其他材料秤好，冬瓜糖也攪碎。

2. 標準來說，考場是提供整塊豬板油，考生要自己切碎，平時就要練習，不要買攪碎好的豬板油，考試時，才會流暢。

3. 餅皮吸水量會隨著麵粉品牌，當天氣候影響，攪拌時請多加留意。

4. 油皮盡量要蓋好，否則容易乾掉。

5. 芝麻喜餅烤熟判斷，用手輕壓側面餅體，且餅體底部為淡焦褐色（上色），餅拿得起來即表示已熟，可出爐。

6. 烤焙過程中，12~15 分鐘著色掉頭，關上火，續燜至熟。

7. 烤焙過程如：表面上色過深，可提早關上火或蓋白報紙；底部上色過深，可加套烤盤。

8. 產品稍冷即可移往成品架，若冷卻後才移動，餅底易附著水蒸氣而潮濕。

泡（椪）餅

酥油
皮麵類

06G

▶ 試題說明

1. 用油皮、油酥製作酥油皮。以小包酥方式，油皮包油酥，以手工擀捲成多層次之酥油皮，包入自調餡料，擀成扁圓型，表面不需任何點綴，烤熟後之產品。

2. 產品表面需具均勻的色澤、大小一致、外型完整不可露餡或爆餡、需膨大呈空心狀、不可凹陷、底部不可焦黑或未烤熟；切開後酥油皮需有明顯而均勻的層次、皮餡之間需完全熟透、皮鬆酥、餡柔軟呈半透明、底部不可有硬厚麵糰、內外不可有異物、無異味、具有良好的口感。

製作說明

1. 製作皮酥餡比 2：1：1 泡（椪）餅，每個烤熟後重 100±5% 公克直徑 11±1 公分。高度需超過 5 公分。

2. 製作數量：

   (1) 20 個。

   (2) 22 個。

   (3) 24 個。

專用材料（每人份）

編號	名稱	材料規格	單位	數量	備註
1	奶油	市售品	公克	200	
2	麥芽糖	84±1°Brix	公克	300	
3	碳酸氫銨	食品級	公克	20	

備註：考生制定配方，需依本專用材料與本類麵食之共用材料表內所列之材料自由選用，所選用之材料重量不可超出所定之重量範圍。

配方計算總表

原料名稱		百分比%	數量 20 個	數量 22 個	數量 24 個	計算
油皮	高筋麵粉	80	411	452	494	成品熟重：100±5% 公克
	低筋麵粉	20	103	113	123	設定烤焙損耗為 5%，操作損耗 5%
	細砂糖	20	103	113	123	計算單個生重：
	豬油	40	206	226	247	100÷(1-5%)=105 公克
	水	53	272	299	327	計算個別比例生重 105÷(2+1+1)=26
	合計	213	1095	1203	1314	皮：2×26=52 公克 酥：1×26=26 公克 餡：1×26=26 公克
油酥	低筋麵粉	100	377	415	453	20 個： 皮：52×20÷(1-5%)÷213=5.14
	豬油	45	170	187	204	酥：26×20÷(1-5%)÷145=3.77
	合計	145	547	602	657	餡：26×20÷(1-5%)÷194=2.82

原料名稱		百分比%	數量			計算
			20 個	22 個	24 個	
內餡	糖粉	100	282	310	339	22 個： 皮：52×22÷(1-5%)÷213=5.65 酥：26×22÷(1-5%)÷145=4.15 餡：26×22÷(1-5%)÷194=3.10 24 個： 皮：52×24÷(1-5%)÷213=6.17 酥：26×24÷(1-5%)÷145=4.53 餡：26×24÷(1-5%)÷194=3.39
	低筋麵粉	66	186	205	224	
	碳酸氫銨	3	8	9	10	
	水	25	71	78	85	
	合計	194	547	602	658	

重要注意事項	烤焙溫度
1. 油皮需打久點，打至表皮呈現光滑，筋度飽和。 2. 內餡要包內餡時，再操作。 3. 兩次擀捲都採用三摺法，需鬆弛 30 分鐘。 4. 包餡後稍微壓，需鬆弛 15 分鐘以上，再壓大或是擀大。 5. 烤前餅體需鬆弛 1 小時左右，注意要蓋塑膠袋或烤焙紙避免風乾。	上火 170℃ 下火 190℃

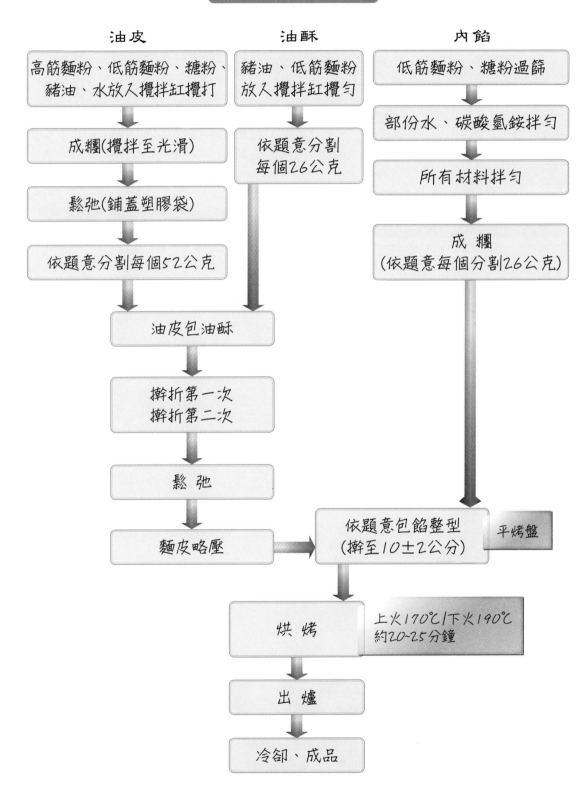

泡（椪）餅流程圖

油皮

高筋麵粉、低筋麵粉、糖粉、豬油、水放入攪拌缸攪打

↓

成糰(攪拌至光滑)

↓

鬆弛(鋪蓋塑膠袋)

↓

依題意分割每個52公克

↓

油皮包油酥

↓

擀折第一次
擀折第二次

↓

鬆　弛

↓

麵皮略壓

油酥

豬油、低筋麵粉放入攪拌缸攪勻

↓

依題意分割每個26公克

內餡

低筋麵粉、糖粉過篩

↓

部份水、碳酸氫銨拌勻

↓

所有材料拌勻

↓

成　糰
(依題意每個分割26公克)

→ 依題意包餡整型
(擀至10±2公分)　平烤盤

↓

烘　烤　上火170℃|下火190℃約20-25分鐘

↓

出　爐

↓

冷卻、成品

步驟圖說

1. 材料秤重。

2. 油皮製作：將麵粉、糖粉、豬油、水放入攪拌缸內攪拌至麵糰光滑後鬆弛。

   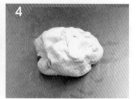

3. 油酥製作：將低筋麵粉、豬油放入攪拌缸內攪拌至均勻成糰。

4. 分割油皮：先將油皮分成四糰，再將麵糰壓開捲起成長條狀，將麵糰一開為五，秤重。

 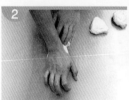 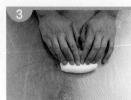 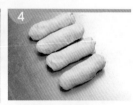

不要碎碎的

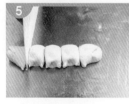 

5. 分割油酥：將油酥分成四糰搓長，將油酥一分為五，秤重。

 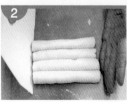 

6. 油皮包油酥：將油皮輕壓後，將油酥放至上方，將兩側油皮抓至上方輕壓，微微扭轉後壓緊鬆弛。

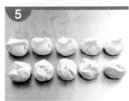

7. 二次擀捲：一次取 5 顆操作，先將酥油皮用手指微壓，使用擀麵棍前後擀約各 2 次，再折成 3 摺，再重複一次擀捲（此為第二次擀捲），將油皮中間壓一下，將前後面麵皮往中間收。

  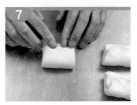

◎擀捲油皮時須注意力道，避免斷裂。

8. 內餡製作：將碳酸氫銨與部分的水拌勻、糖粉、低筋麵粉、水拌勻即可。

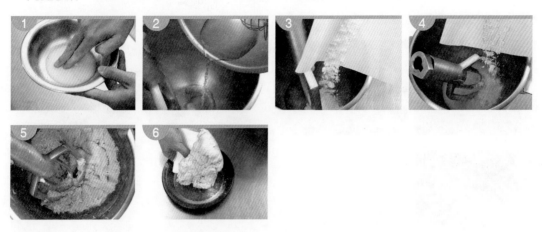

9. 分割餡料：依題意分割 26 公克，表面裹粉滾圓備用。

10. 包餡：將油皮稍微壓開，將餡料放入，收口收緊，鬆弛 15 分鐘。

11. 整型：

作法①：利用配菜盤壓扁至適當直徑。

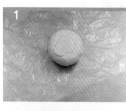 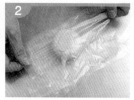 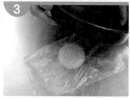 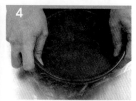

作法②：先將鬆弛後的餅體微壓，先擀正面後反面擀，依照題意擀至 10±2 公分，放置烤盤上，鬆弛 1小時。

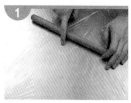 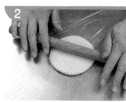 

12. 入爐烤焙：上火 170℃／下火 190℃，烤約 20~25 分鐘。

◎判斷：表面呈現金黃色，底部呈現較深的褐色即可出爐。

10 個 ×2 皿　　　　　　11 個 ×2 皿　　　　　　12 個 ×2 皿

1. 餡的軟硬度要多注意。內餡太軟時再拌一些粉，要不然容易爆餡。

2. 包餡時，皮要均勻包覆，否則容易爆餡。

3. 入爐後，15 分內不可以開爐，影響膨脹。

4. 酥油皮盡量要蓋好，否則容易乾掉。

5. 餅皮吸水量會隨著麵粉品牌，當天氣候影響，攪拌時請多加留意。

6. 椪餅烤熟判斷，用手輕壓側面餅體有硬實，且餅體底部為淡焦褐色（上色），餅拿得起來即表示已熟，可出爐。

7. 烤焙過程如：表面上色過深，可提早關上火或蓋白報紙；底部上色過深，可加套烤盤。

8. 產品稍冷即可移往成品架，若冷卻後才移動，餅底易附著水蒸氣而潮濕。

NG 說明

整型時，大小要一致，施力要平均，避免成品烤焙顏色不均勻。

蘇式椒鹽月餅
★★ 096-970207G ★★

酥油
皮麵類
07G

▶ 試題說明

1. 用油皮、油酥製作酥油皮。以小包酥方式，油皮包油酥，以手工擀捲成多層次之酥油皮，包入自調椒鹽餡，整成扁圓型，其中一面沾黑芝麻，經兩面烤熟後之產品。

2. 產品表面需具均勻的色澤、大小一致、外型完整不可露餡或爆餡或未包緊、底部不可焦黑或未烤熟、芝麻不可嚴重脫落或烤焦；切開後酥油皮需有明顯而均勻的層次、皮餡之間需完全熟透、皮鬆酥、餡鬆酥、底部不可有硬厚麵糰、內外不可有異物、具椒鹽味無其他異味、有良好的口感。

製作說明

1. 製作皮酥餡比 1：1：3 蘇式椒鹽月餅，每個烤熟後重 75±5% 公克直徑 8±1 公分。
2. 製作數量：
   (1) 20 個。
   (2) 22 個。
   (3) 24 個。

專用材料（每人份）

編號	名稱	材料規格	單位	數量	備註
1	熟麵粉	低筋麵粉蒸熟	公克	500	考場準備
2	黑芝麻粉	乾淨市售生鮮品	公克	400	
3	核桃仁	市售生鮮品	公克	100	
4	葵花子	市售生鮮品	公克	100	
5	桔餅	市售品	公克	50	
6	花椒粉	市售品	公克	10	
7	黑芝麻	乾淨市售生鮮品	公克	400	

備註：考生制定配方，需依本專用材料與本類麵食之共用材料表內所列之材料自由選用，所選用之材料重量不可超出所定之重量範圍。

配方計算總表

原料名稱		百分比%	20 個	22 個	24 個	計算
油皮	中筋麵粉	100	173	190	207	成品熟重：75±5% 公克
	糖粉	10	17	19	21	設定烤焙損耗為 5%，操作損耗 5%
	豬油	40	69	76	83	計算單個生重：75÷(1-5%)=79 公克 計算個別比例生重 79÷(1+1+3)=15.8
	水	45	78	86	93	皮：1×15.8=16 公克 酥：1×15.8=16 公克
	合計	195	337	371	404	餡：3×15.8=47 公克

原料名稱		百分比%	數量			計算
			20 個	22 個	24 個	
油酥	低筋麵粉	100	225	247	269	20 個：
	豬油	50	113	124	135	皮：16×20÷(1-5%)÷195=1.73
	合計	150	338	371	404	酥：16×20÷(1-5%)÷150=2.25
內餡	糖粉	100	179	197	215	餡：47×20÷(1-5%)÷553=1.79
	豬油	120	215	236	258	
	桔餅	10	18	20	22	22 個：
	葵花子	20	36	39	43	皮：16×22÷(1-5%)÷195=1.90
	核桃仁	20	36	39	43	酥：16×22÷(1-5%)÷150=2.47
	花椒粉	3	5	6	6	餡：47×22÷(1-5%)÷553=1.97
	黑芝麻粉	120	215	236	258	
	熟麵粉	160	286	315	344	24 個：
	合計	553	990	1,088	1,189	皮：16×24÷(1-5%)÷195=2.07
裝飾	生黑芝麻		適量	適量	適量	酥：16×24÷(1-5%)÷150=2.69 餡：47×24÷(1-5%)÷553=2.15

重要注意事項	烤焙溫度
1. 油皮、油酥、內餡若有剩不要分掉，避免成品超重。 2. 考試可不採用桔餅，避免切割時間拉長。 3. 內餡攪拌均勻即可，否則內餡會過軟。 4. 酥油皮需擀麵，要擀大一點才好包。 5. 外觀注意要求直徑 8±1 公分，利用配菜盤壓。 6. 需噴水，沾黑芝麻裝飾。 7. 沾黑芝麻面朝下烤焙，中途要翻面續烤。	上火 200℃ 下火 220℃

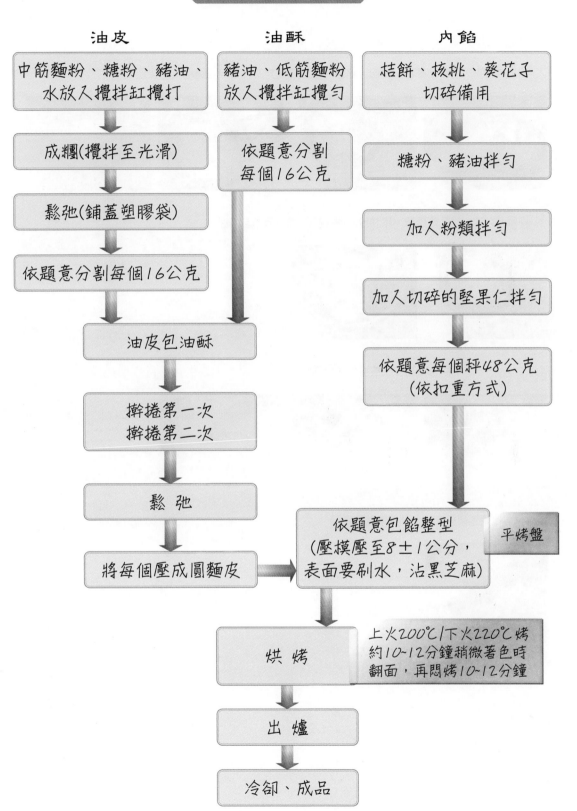

蘇式椒鹽月餅流程圖

油皮

中筋麵粉、糖粉、豬油、水放入攪拌缸攪打

↓

成糰(攪拌至光滑)

↓

鬆弛(鋪蓋塑膠袋)

↓

依題意分割每個16公克

↓

油酥

豬油、低筋麵粉放入攪拌缸攪勻

↓

依題意分割每個16公克

↓

油皮包油酥

↓

擀捲第一次
擀捲第二次

↓

鬆弛

↓

將每個壓成圓麵皮

內餡

桔餅、核桃、葵花子切碎備用

↓

糖粉、豬油拌勻

↓

加入粉類拌勻

↓

加入切碎的堅果仁拌勻

↓

依題意每個秤48公克
(依扣重方式)

↓

依題意包餡整型
(壓模壓至8±1公分，表面要刷水，沾黑芝麻)   平烤盤

↓

烘烤   上火200℃/下火220℃烤約10~12分鐘稍微著色時翻面，再悶烤10~12分鐘

↓

出爐

↓

冷卻、成品

G

1. 材料秤重。

2. 油皮製作：將中筋麵粉、糖粉、豬油、水放入攪拌缸內攪拌至麵糰光滑後鬆弛。

3. 油酥製作：將低筋麵粉、豬油放入攪拌缸內攪拌至均勻成糰。

4. 內餡製作：桔餅、葵花子、核桃先切碎備用。

核桃也可以用塑膠袋裝好，利用擀麵棍敲碎。

5. 糖粉、豬油先拌勻，倒入黑芝麻粉、熟麵粉拌勻，再將切碎好的桔餅、葵花子、核桃碎、花椒粉加入拌勻成糰即可。

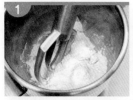 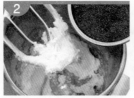  

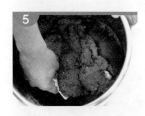

6. 分割油皮：先將油皮分成四糰，再將麵糰壓開捲起成長條狀，將麵糰一開為五，秤重。

 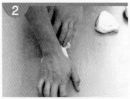 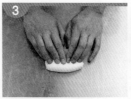 

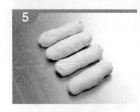 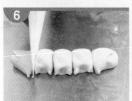 

7. 分割油酥：將油酥分成四糰搓長，將油酥一分為五，秤重。

  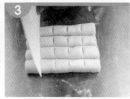

8. 分割餡料：依題意分割 48 公克，表面裹粉滾圓備用。

9. 油皮包油酥：將油皮輕壓後，將油酥放至上方，將兩側油皮抓至上方輕壓，微微扭轉後壓緊鬆弛。

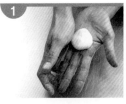   

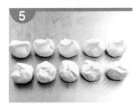

10. 二次擀捲：一次取 5 顆操作，先將酥油皮用手指微壓，使用擀麵棍前後擀約各 2 次，再捲成長條
　　狀（此為第一次擀捲），再重複一次擀捲（此為第二次擀捲），將圓柱麵皮中間壓一下，將前後面
　　皮往中間收。

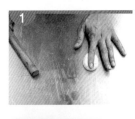   

 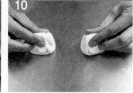

◎擀捲油皮時須注意力道，避免斷裂。

11. 包餡：利用塑膠袋將油皮壓開，將餡料放入，收口收緊。

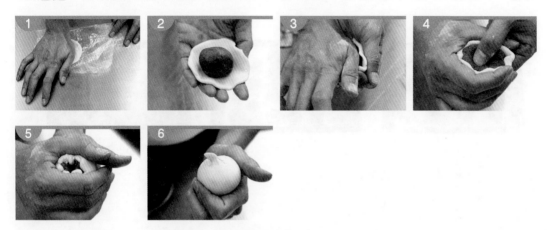

12. 整型：先將鬆弛後的餅體微壓，套入 8 公分圓框模，依照題意壓至 8±1 公分。

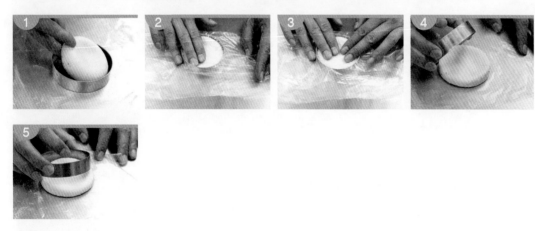

表面刷水，沾黑芝麻，將沾黑芝麻面朝下烤焙。

13. 入爐烤焙：上火 200℃／下火 220℃烤約 10~12 分鐘稍微著色時翻面，再燜烤 10~12 分鐘。

◎判斷：底部呈現較深的褐色即可出爐。

20 個　　　　　　22 個　　　　　　24 個

TIPS

1. 包餡時，皮要平均包覆，否則容易爆餡。

2. 餡的軟硬度要多注意。

3. 酥油皮盡量要蓋好，否則容易乾掉。

4. 餅皮吸水量會隨著麵粉品牌，當天氣候影響，攪拌時請多加留意。

5. 蘇式椒鹽月餅烤熟判斷，用手輕壓側面餅體有硬實，且餅體底部為淡焦褐色（上色），餅拿得起來即表示已熟，可出爐。

6. 烤焙過程如表面上色過深，可提早關上火或蓋白報紙；底部上色過深，可加套烤盤。

7. 產品稍冷即可移往成品架，若冷卻後才移動，餅底易附著水蒸氣而潮濕。

白豆沙月餅

★★ 096-970208G ★★

酥油
皮麵類
08G

▶ 試題說明

1. 用油皮、油酥製作酥油皮。以小包酥方式，油皮包油酥，以手工擀捲成多層次之酥油皮，包入白豆沙餡（可用綠豆沙調合），整成扁圓型，表面中心稍凹陷，經兩面（需翻面）烤熟後之產品。

2. 產品大小一致、表面需具明顯黃褐色環狀圖樣、中央微凸、外型完整不可露餡或爆餡或未包緊、表面不可烤焦、底部不可焦黑或未烤熟；切開後酥油皮需有明顯而均勻的層次、皮餡之間需完全熟透、皮鬆酥、底部不可有硬厚麵糰、內外不可有異物、無異味、具有良好的口感。

製作說明

1. 製作皮酥餡比 5：3：24 白豆沙月餅，每個烤熟後重 64±5% 公克直徑 6±1 公分。
2. 製作數量：
   (1) 24 個。
   (2) 26 個。
   (3) 28 個。

專用材料（每人份）

編號	名稱	材料規格	單位	數量	備註
1	綠豆沙	市售品	公克	300	
2	白豆沙	市售品	公克	1500	

備註：考生制定配方，需依本專用材料與本類麵食之共用材料表內所列之材料自由選用，所選用之材料重量不可超出所定之重量範圍。

配方計算總表

原料名稱		百分比%	數量			計算
			24 個	26 個	28 個	
油皮	中筋麵粉	100	143	154	166	成品熟重：64±5% 公克
	糖粉	10	14	15	17	設定烤焙損耗為 5%，操作損耗 5%
	豬油	40	57	62	66	計算單個生重：64÷(1-5%)=67 公克
	水	45	64	69	75	計算個別比例生重 67÷(5+3+24)=2.1
	合計	195	278	300	324	皮：5×2.1=11 公克 酥：3×2.1=6 公克
油酥	低筋麵粉	100	101	109	118	餡：24×2.1=50 公克 24 個：
	豬油	50	51	55	59	皮：11×24÷(1-5%)÷195=1.43 酥：6×24÷(1-5%)÷150=1.01
	合計	150	152	164	177	餡：50×24÷(1-5%)÷100=12.63

原料名稱		百分比%	數量			計算
			24 個	26 個	28 個	
內餡	綠豆沙	15	189	205	221	26 個： 皮：11×26÷(1-5%)÷195=1.54 酥：6×26÷(1-5%)÷150=1.09 餡：50×26÷(1-5%)÷100=13.68 28 個： 皮：11×28÷(1-5%)÷195=1.66 酥：6×28÷(1-5%)÷150=1.18 餡：50×28÷(1-5%)÷100=14.74
	白豆沙	85	1074	1163	1253	
	合計	100	1263	1368	1474	

重要注意事項	烤焙溫度
1. 酥油皮需擀麵，要擀大一點才好包。 2. 外觀注意要求直徑 8±1 公分，以圓模型去壓成型。 3. 採用保鮮膜包蛋，去壓餅體中心點。 4. 正面朝下去烤，配合題意中途需翻面。	上火 150℃ 下火 260℃

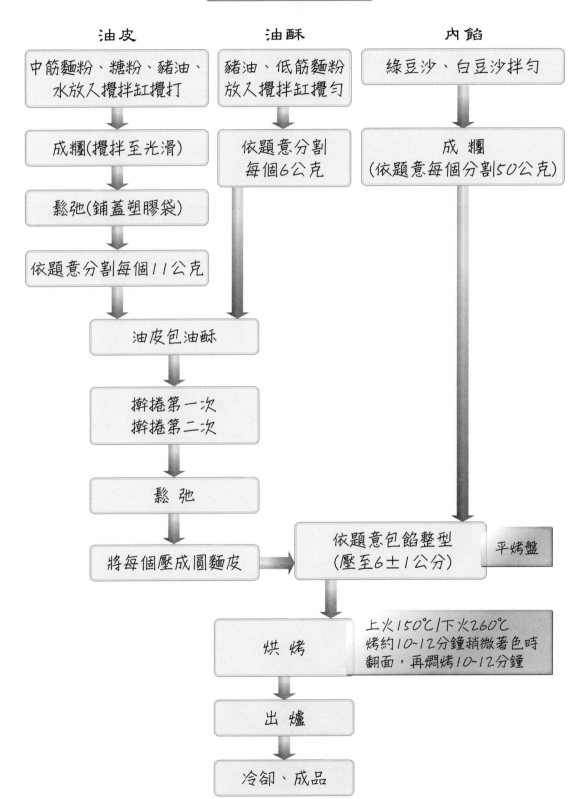

白豆沙月餅流程圖

油皮	油酥	內餡
中筋麵粉、糖粉、豬油、水放入攪拌缸攪打	豬油、低筋麵粉放入攪拌缸攪勻	綠豆沙、白豆沙拌勻
成糰(攪拌至光滑)	依題意分割每個6公克	成糰(依題意每個分割50公克)
鬆弛(鋪蓋塑膠袋)		
依題意分割每個11公克		

油皮包油酥

擀捲第一次
擀捲第二次

鬆弛

將每個壓成圓麵皮 → 依題意包餡整型(壓至6±1公分) 　平烤盤

烘烤

上火150℃│下火260℃
烤約10~12分鐘稍微著色時翻面,再燜烤10~12分鐘

出爐

冷卻、成品

G

步驟圖說

1. 材料秤重。

2. 油皮製作：將中筋麵粉、糖粉、豬油、水放入攪拌缸內攪拌至麵糰光滑後鬆弛。

3. 油酥製作：將低筋麵粉、豬油放入攪拌缸內攪拌至均勻成糰。

4. 內餡製作：綠豆沙、白豆沙調整到適當軟硬度即可。

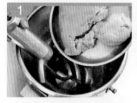
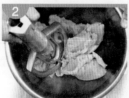

5. 分割油皮：先將油皮分成四糰，再將麵糰壓開捲起成長條狀，將麵糰一開為五，秤重。

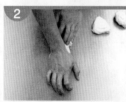
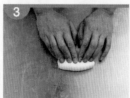
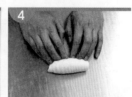

6. 分割油酥：將油酥分成四糰搓長，將油酥一分為五，秤重。

7. 分割餡料：依題意分割 50 公克。

8. 油皮包油酥：將油皮輕壓後，將油酥放至上方，將兩側油皮抓至上方輕壓，微微扭轉後壓緊鬆弛。

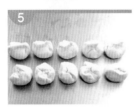

9. 二次擀捲：一次取 5 顆操作，先將酥油皮用手指微壓，使用擀麵棍前後擀約各 2 次，再捲成長條狀（此為第一次擀捲），再重複一次擀捲（此為第二次擀捲），將圓柱麵皮中間壓一下，將前後面皮往中間收。

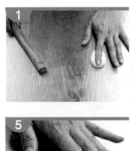  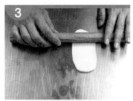 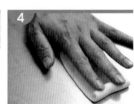

 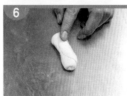  

 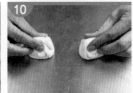

◎擀捲油皮時須注意力道，避免斷裂。

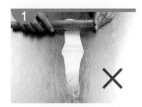

10. 包餡：利用塑膠袋將油皮壓開，將餡料放入，收口收緊。

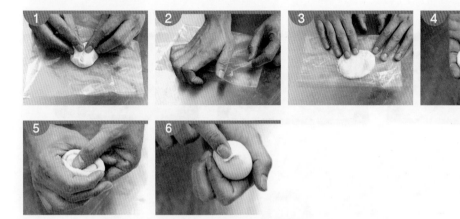

11. 整型：先將鬆弛後的餅體微壓，套入 6 公分圓框模，依照題意壓至 6±1 公分。

將雞蛋包起來在表面壓出凹槽，凹槽那一面先朝下烤焙。

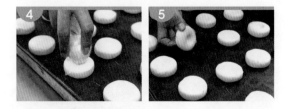

◎亦可用擀麵棍壓凹槽。

12. 入爐烤焙：上火 150℃／下火 260℃約 20 分鐘（約 12 分外觀有黃褐色環狀翻面）。

◎判斷：底部呈現較深的褐色即可出爐。

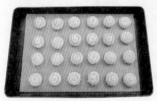

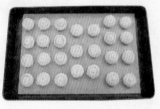

24 個　　　　　26 個　　　　　28 個

TIPS

1. 包餡時，皮要平均包覆，否則容易爆餡。

2. 餡的軟硬度要多注意。

3. 酥油皮盡量要蓋好，否則容易乾掉。

4. 餅皮吸水量會隨著麵粉品牌，當天氣候影響，攪拌時請多加留意。

5. 烤焙下火爐溫要高，才會有黃褐色環狀，中心也容易脹起。

6. 考試內餡也可以直接全數採用白豆沙內餡。

7. 產品稍冷即可移往成品架，若冷卻後才移動，餅底易附著水蒸氣而潮濕。

油皮蛋塔
★★ 096-970209G ★★

▶ 試題說明

1. 用油皮、油酥製作酥油皮。以小包酥方式，油皮包油酥，以手工擀捲成多層次之酥油皮，放入塔模內，邊緣用手摺紋，刷蛋黃液，填入生的蛋塔液，烤熟後之產品。

2. 產品表面需具均勻的色澤、大小一致、外型完整不可破損、表面光滑（微凹）而濕潤、表面不可有未凝結的蛋液或嚴重縮皺與凹陷、底部不可焦黑或有不熟之現象、冷卻後表面不可裂開；切開後酥油皮需有明顯而均勻的層次、皮餡之間需完全熟透、中央不可有未熟的生餡、餡料需柔軟、塔皮鬆酥、內外不可有異物、無異味、具有良好的口感。

製作說明

1. 製作皮酥餡比 2：1：4 油皮蛋塔，每個烤熟後重 70±5% 公克邊緣有摺紋。
2. 製作數量：

    (1) 20 個。

    (2) 22 個。

    (3) 24 個。

專用材料（每人份）

編號	名稱	材料規格	單位	數量	備註
1	蛋	生鮮雞蛋	公克	500	
2	蛋黃	新鮮或冷藏品	公克	400	
3	奶粉	全脂或脫脂	公克	100	

備註：考生制定配方，需依本專用材料與本類麵食之共用材料表內所列之材料自由選用，所選用之材料重量不可超出所定之重量範圍。

配方計算總表

原料名稱		百分比%	數量			計算
			20 個	22 個	24 個	
油皮	中筋麵粉	100	227	249	272	成品熟重：70±5% 公克
	糖粉	10	23	25	27	設定烤焙損耗為 5%，操作損耗 5%
	豬油	40	91	100	109	計算單個生重：70÷(1-5%)=74 公克
	水	45	102	112	122	計算個別比例生重 74÷(2+1+4)=10.6
	合計	195	443	486	530	皮：2×10.6=21 公克 酥：1×10.6=11 公克 餡：4×10.6=42 公克
油酥	低筋麵粉	100	154	170	185	20 個：
	豬油	50	77	85	93	皮：21×20÷(1-5%)÷195=2.27 酥：11×20÷(1-5%)÷150=1.54
	合計	150	231	255	278	餡：42×20÷(1-5%)÷266=3.32

原料名稱		百分比%	數量			計算
			20 個	22 個	24 個	
內餡	細砂糖	50	166	183	200	22 個：
	熱水	100	332	366	399	皮：21×22÷(1-5%)÷195=2.49
	奶粉	15	50	55	60	酥：11×22÷(1-5%)÷150=1.70
	鹽	1	3	4	4	餡：42×22÷(1-5%)÷266=3.66
	蛋	80	266	293	319	24 個：
	蛋黃	20	66	73	80	皮：21×24÷(1-5%)÷195=2.72
						酥：11×24÷(1-5%)÷150=1.85
	合計	266	883	974	1,062	餡：42×24÷(1-5%)÷266=3.99

重要注意事項	烤焙溫度
1. 炒鍋煮沸水，倒入鋼盆操作。 2. 內餡需過篩 2 次，蓋保鮮膜冷藏，降低溫度。 3. 酥油皮需先擀圓，要擀大一點才好摺紋。 4. 摺紋後需以蛋黃液裝飾，再倒入內餡。 5. 秤量以油皮、油酥、內餡總重去量秤。 6. 烤焙至內餡凝固，酥油皮上色即可。	上火 190℃ 下火 210℃

油皮蛋塔流程圖

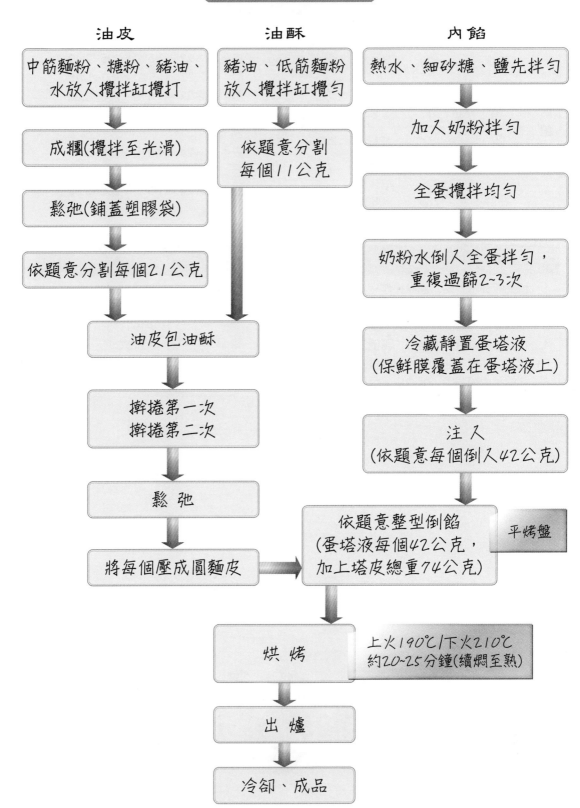

油皮

中筋麵粉、糖粉、豬油、水放入攪拌缸攪打

↓

成糰(攪拌至光滑)

↓

鬆弛(鋪蓋塑膠袋)

↓

依題意分割每個21公克

油酥

豬油、低筋麵粉放入攪拌缸攪勻

↓

依題意分割每個11公克

內餡

熱水、細砂糖、鹽先拌勻

↓

加入奶粉拌勻

↓

全蛋攪拌均勻

↓

奶粉水倒入全蛋拌勻，重複過篩2~3次

↓

冷藏靜置蛋塔液(保鮮膜覆蓋在蛋塔液上)

↓

注入(依題意每個倒入42公克)

油皮包油酥

↓

擀捲第一次
擀捲第二次

↓

鬆弛

↓

將每個壓成圓麵皮 →

依題意整型倒餡(蛋塔液每個42公克，加上塔皮總重74公克)　　平烤盤

↓

烘烤　　上火190℃/下火210℃ 約20~25分鐘(續燜至熟)

↓

出爐

↓

冷卻、成品

步驟圖說

1. 材料秤重。

2. 油皮製作：將中筋麵粉、糖粉、豬油、水放入攪拌缸內攪拌至麵糰光滑後鬆弛。

3. 油酥製作：將低筋麵粉、豬油放入攪拌缸內攪拌至均勻成糰。

4. 內餡製作：熱水、細砂糖、鹽先拌勻，再倒入奶粉拌勻。全蛋、蛋黃混合，再加奶粉水拌勻。

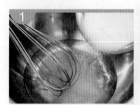

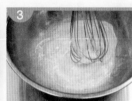

過篩濾除雜質，利用保鮮膜蓋在表面消泡，冷藏靜置。

5. 分割油皮：先將油皮分成四糰，再將麵糰壓開捲起成長條狀，將麵糰一開為五，秤重。

 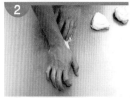 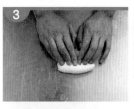 

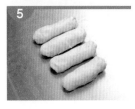 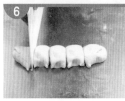 

6. 分割油酥：將油酥分成四糰搓長，將油酥一分為五，秤重。

 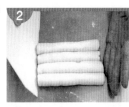 

7. 油皮包油酥：將油皮輕壓後，將油酥放至上方，將兩側油皮抓至上方輕壓，微微扭轉後壓緊鬆弛。

  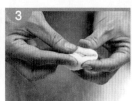 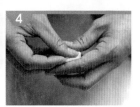

8. 二次擀捲：一次取5顆操作，先將酥油皮用手指微壓，使用擀麵棍前後擀約各2次，再捲成長條狀（此為第一次擀捲），再重複一次擀捲（此為第二次擀捲），將圓柱麵皮中間壓一下，將前後面皮往中間收。

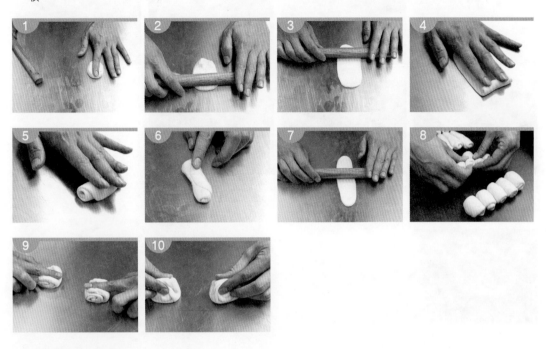

◎擀捲油皮時須注意力道，避免斷裂。

9. 整型：先將鬆弛後的麵皮壓開（可用配菜盤壓或擀麵棍輔助），放至塔模中。

先用剪刀在邊緣處剪一刀，接著用大拇指和食指一邊輕壓，一邊沿著圓弧向內摺。

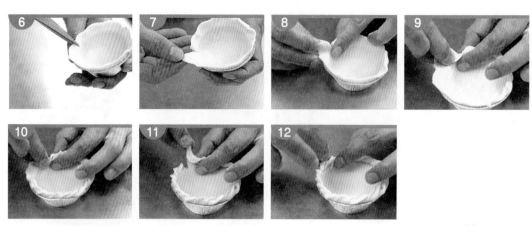

10. 花紋麵皮邊刷蛋液。

11. 分裝餡料：依題意倒入 42 公克蛋塔液。

12. 入爐烤焙：上火 190℃／下火 210℃烤約 20~25 分鐘。

◎判斷：手沾水輕點蛋塔中央無液體，或是表面不會晃動即可。

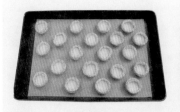

20 個　　　　　22 個　　　　　24 個

TIPS

1. 酥油皮盡量擀圓，大小一致再放入塔模中整型。

2. 酥油皮盡量要蓋好，否則容易乾掉。

3. 蛋塔液表面泡泡盡量清除，冷藏降溫。

4. 餡的部分，熱奶粉水太燙不可直接倒入蛋液，會導致熟化。

5. 餅皮吸水量會隨著麵粉品牌，當天氣候影響，攪拌時請多加留意。

6. 烤焙過程如：塔皮烤至淡焦褐色，中間的蛋塔液烤至拿起不會晃動即為熟，若會晃動再續燜烤至熟。

7. 倒入蛋塔液時，建議將塔皮重量一同算入，因為後續繳交會量成品重。

8. 配方多加 2 個蛋與 100 公克水，避免塔液不足。

NG 說明

1. 關烤箱門太用力，導致烤箱表面鐵屑等雜物落下，汙染蛋塔表面。

2. 烤箱溫度控制不好，導致表面破損。

蒜蓉酥
★★096-9702010G★★

▶ 試題說明

1. 用油皮、油酥製作酥油皮。以小包酥方式，油皮包油酥，用手工擀捲成多層次之酥油皮，包入自調蒜蓉餡，擀成橢圓後對摺成半圓型（刈包型），表面刷蛋黃液，烤熟後之產品。

2. 產品表面需具均勻的金黃色澤、大小一致、外型完整不可露餡或爆餡、表面不可烤焦、底部不可焦黑或未烤熟；切開後酥油皮需有明顯而均勻的層次、皮餡之間需完全熟透、皮鬆酥、餡鬆軟、內外不可有異物、具蒜香味無其他異味、有良好的口感。

製作說明

1. 製作皮酥餡比 2：1：2 蒜蓉酥，每個烤熟後重 50±5% 公克，高需超過 4 公分以上。
2. 製作數量：
   (1) 20 個。
   (2) 22 個。
   (3) 24 個。

專用材料（每人份）

編號	名稱	材料規格	單位	數量	備註
1	蛋	生鮮雞蛋	公克	200	
2	奶油	市售品	公克	100	
3	蒜頭	市售品	公克	100	
4	麥芽糖	84±1°Brix	公克	100	
5	白芝麻	市售品	公克	100	

備註：考生制定配方，需依本專用材料與本類麵食之共用材料表內所列之材料自由選用，所選用之材料重量不可超出所定之重量範圍。

配方計算總表

原料名稱		百分比%	數量			計算
			20 個	22 個	24 個	
油皮	中筋麵粉	100	227	249	272	成品熟重：50±5% 公克
	糖粉	10	23	25	27	設定烤焙損耗為 5%，操作損耗 5%
	豬油	40	91	100	109	計算單個生重：50÷(1-5%)=53 公克
	水	45	102	112	122	計算個別比例生重
	合計	195	443	486	530	53÷(2+1+2)=10.6
油酥	低筋麵粉	100	154	170	185	皮：2×10.6=21 公克 酥：1×10.6=11 公克 餡：2×10.6=21 公克
	豬油	50	77	85	93	
	合計	150	231	255	278	

原料名稱		百分比%	數量			計算
			20 個	22 個	24 個	
內餡	奶油	25	47	52	56	20 個： 皮：21×20÷(1-5%)÷195=2.27 酥：11×20÷(1-5%)÷150=1.54 餡：21×20÷(1-5%)÷236=1.87
	糖粉	50	94	103	113	
	麥芽糖	15	28	31	34	
	蛋	25	47	52	56	
	鹽	1	2	2	2	22 個： 皮：21×22÷(1-5%)÷195=2.49 酥：11×22÷(1-5%)÷150=1.70 餡：21×22÷(1-5%)÷236=2.06
	蒜頭	10	19	21	23	
	蒸熟麵粉	100	187	206	225	
	熟白芝麻	10	19	21	23	24 個： 皮：21×24÷(1-5%)÷195=2.72 酥：11×24÷(1-5%)÷150=1.85 餡：21×24÷(1-5%)÷236=2.25
	合計	236	443	488	532	

重要注意事項	烤焙溫度
1. 內餡中的蛋不論大中小量，採用 1 顆操作。 2. 內餡攪拌均勻即可，否則內餡會過軟。 3. 內餡需冰鎮。 4. 酥油皮包內餡後，搓成橢圓。 5. 稍微擀長後，擀中間不擀到尾端，摺起，再續擀扁。 6. 烤前需刷蛋黃液 2 次。	上火 220℃ 下火 190℃

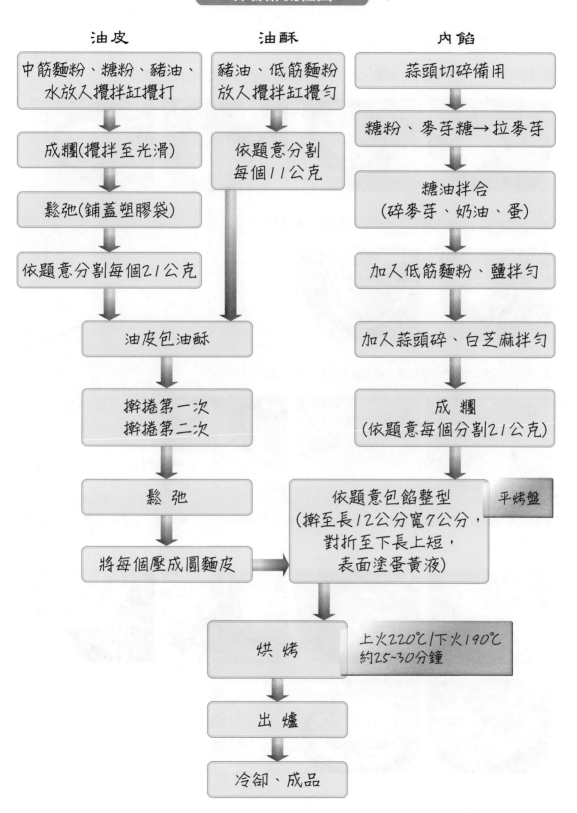

蒜蓉酥流程圖

油皮

中筋麵粉、糖粉、豬油、水放入攪拌缸攪打

↓

成糰(攪拌至光滑)

↓

鬆弛(鋪蓋塑膠袋)

↓

依題意分割每個21公克

↓

油酥

豬油、低筋麵粉放入攪拌缸攪勻

↓

依題意分割每個11公克

↓

油皮包油酥

↓

擀捲第一次
擀捲第二次

↓

鬆弛

↓

將每個壓成圓麵皮

內餡

蒜頭切碎備用

↓

糖粉、麥芽糖→拉麥芽

↓

糖油拌合
(碎麥芽、奶油、蛋)

↓

加入低筋麵粉、鹽拌勻

↓

加入蒜頭碎、白芝麻拌勻

↓

成 糰
(依題意每個分割21公克)

↓

依題意包餡整型
(擀至長12公分寬7公分，對折至下長上短，表面塗蛋黃液)　　平烤盤

↓

烘 烤　　上火220℃/下火190℃ 約25~30分鐘

↓

出 爐

↓

冷卻、成品

G

135

步驟圖說

1. 材料秤重。

2. 油皮製作：將中筋麵粉、糖粉、豬油、水放入攪拌缸內攪拌至麵糰光滑後鬆弛。

3. 油酥製作：將低筋麵粉、豬油放入攪拌缸內攪拌至均勻成糰。

4. 內餡製作：蒜頭切碎備用。糖粉將麥芽糖拉開，撕成小碎狀。

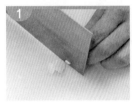  

將撕碎的麥芽糖加奶油拌勻，將蛋分次加入拌勻，再加蒸熟麵粉拌勻，最後加入蒜頭碎、鹽、白芝麻拌勻即可。

 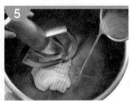  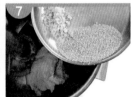

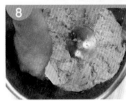 

5. 分割油皮：先將油皮分成四糰，再將麵糰壓開捲起成長條狀，將麵糰一開為五，秤重。

 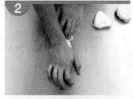 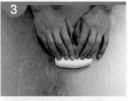 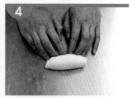

不要
碎碎的

6. 分割油酥：將油酥分成四糰搓長，將油酥一分為五，秤重。

7. 分割餡料：依題意分割 21 公克，滾圓備用。

8. 油皮包油酥：將油皮輕壓後，將油酥放至上方，將兩側油皮抓至上方輕壓，微微扭轉後壓緊鬆弛。

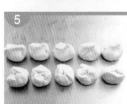

9. 二次擀捲：一次取5顆操作，先將酥油皮用手指微壓，使用擀麵棍前後擀約各2次，再捲成長條狀（此為第一次擀捲），再重複一次擀捲（此為第二次擀捲），將圓柱麵皮中間壓一下，將前後面皮往中間收。

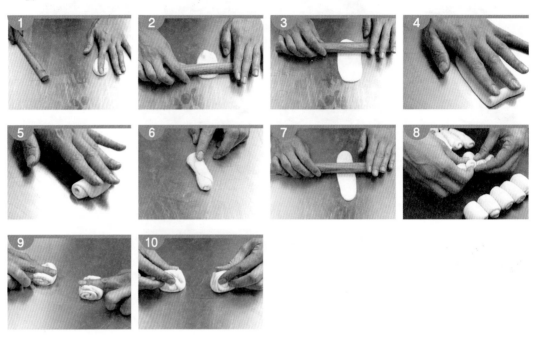

◎擀捲油皮時須注意力道，避免斷裂。

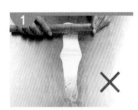

10. 包餡：利用塑膠袋將麵皮壓開，將餡料放入，收口收緊。

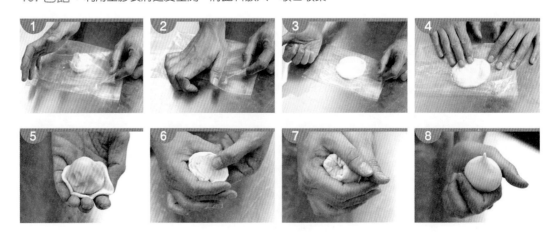

11. **整型**：鬆弛後的餅體微壓，擀至長 12 公分、寬 7 公分，往上折，用擀麵棍略壓對折處，表面刷蛋黃液。

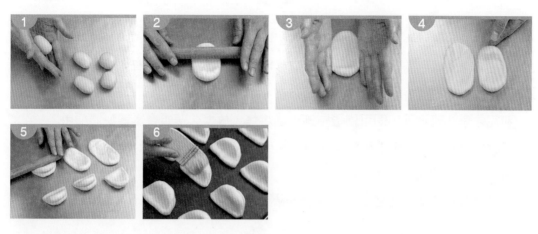

12. **入爐烤焙**：上火 220℃／下火 190℃約 25~30 分鐘。

◎判斷：表面蛋液呈現金黃色，底部呈現深褐色即可出爐。

20 個   22 個   24 個

TIPS

1. 擀成橢圓形對折後，前端需留一點空間膨脹。

2. 餅皮吸水量會隨著麵粉品牌，當天氣候影響，攪拌時請多加留意。

3. 酥油皮盡量要蓋好，否則容易乾掉。

4. 包完內餡，略鬆弛，即可刷蛋裝飾入爐烘烤，放太久蒜頭會影響餅體膨脹。

5. 蒜蓉酥烤熟判斷，用手輕壓側面餅體有硬實，且餅體表面為金黃色和底部上色，餅拿得起來即表示已熟，可出爐。

6. 烤焙過程如：表面上色過深，可提早關上火或蓋白報紙；底部上色過深，可加套烤盤。

7. 產品稍冷即可移往成品架，若冷卻後才移動，餅底易附著水蒸氣而潮濕。

糕漿皮麵類

（壹）試題說明

一、本類麵食共五小項（編號 096-970201H~970205H）。

二、完成時限為六小時，包含二種酥油皮及一種糕漿皮產品。

三、糕漿皮餅皮需使用攪拌機製作。

四、產品製作之試題說明及要求之品質標準，係依產品而定，請參考每小項之「試題說明」。

五、產品製作重量與數量，係依產品而定，請參考每小項之「製作說明」。

六、制定製作配方時，用製作數量計算所需材料的重量，可自行加計損耗，麵糰或產品重量需符合試題說明與製作說明，不可有剩餘麵糰、內餡或表飾原料。製作配方於製作後不可再修改，評審會核對配方表與實作重量。

七、麵糰與餡料製備之所有操作程序需完全符合衛生標準規範；所需重量應確實計算，不可剩餘，也不得分多次製作。

八、本類麵食共用材料（每項產品）

編號	名稱	材料規格	單位	數量	備註
1	麵粉	高、中、低筋麵粉 符合國家標準 (CNS) 規格	公克	各 1000	
2	砂糖	細砂糖	公克	600	
3	糖粉	市售品	公克	500	純糖粉
4	麥芽糖	84±1°Brix	公克	200	
5	鹽	精製	公克	20	
6	泡打粉	雙重反應式 BP	公克	50	
7	固體油	奶油、純豬油、烤酥油	公克	500	
8	液體油	沙拉油、花生油	公克	300	

備註：

1. 考生制定配方，需依本類麵食共用材料與各小項產品之專用材料表內所列之材料自由選用。

2. 所選用之材料重量不可超出所定之重量範圍。各類食品添加物之使用範圍及限量應符合食品安全衛生管理法第 18 條訂定「食品添加物使用範圍及限量暨規格標準」。

3. 『水』任意使用，不限重量，不計成本。

九、本類麵食專業設備（每人份）

編號	名稱	設備規格	單位	數量	備註
1	月餅模型	木或鋁製，表面可用塗覆處理，內徑約6公分 × 高2.5公分，容積93±5公克（約2.5兩）	支	1	
2	龍鳳喜餅模	木或鋁製，表面可用塗覆處理，直徑約14公分 × 高約2.5公分，容積為450公克（12兩）	支	1	
3	塔 模	鋁箔製，上大底小之淺模型，直徑8公分，高2~3公分，容積75±5毫升	個	40	
4	噴 水 器	塑膠或不鏽鋼製，容量1000ML以下	支	1	

酥皮蛋塔
★ ★ 096-970201H ★ ★

糕漿
皮麵類

01H

▶ 試題說明

1. 用糕皮方式製作塔皮，放入塔模內，成型後填入生的蛋塔液，烤熟後之產品。

2. 產品表面需具均勻的色澤、大小一致、外型完整不可破損、表面光滑（微凹）而濕潤、表面不可有未凝結的蛋液或嚴重縮皺與凹陷、表面不可烤焦、底部不可焦黑或有不熟之現象、冷卻後表面不可裂開；切開後中央不可有未熟的生餡、餡料需柔軟、塔皮酥軟、內外不可有異物、無異味、具有良好的口感。

製作說明

1. 製作皮餡比1：2酥皮蛋塔，每個烤熟後重60±5%公克。
2. 製作數量：
   (1) 30個。
   (2) 32個。
   (3) 36個。

專用材料（每人份）

編號	名稱	材料規格	單位	數量	備註
1	蛋	生鮮雞蛋	公克	1000	
2	蛋黃	新鮮或冷藏品	公克	600	
3	奶粉	全脂或脫脂	公克	100	

備註：考生制定配方，需依本專用材料與本類麵食之共用材料表內所列之材料自由選用，所選用之材料重量不可超出所定之重量範圍。

配方計算總表

原料名稱		百分比%	數量			計算
			30個	32個	36個	
糕皮	白油	25	76	81	91	成品熟重：60±5%公克
	奶油	25	76	81	91	設定烤焙損耗為5%，操作損耗5%
	糖粉	40	122	130	146	計算單個生重：60÷(1-5%)=63公克
	奶粉	2	6	6	7	計算個別比例生重63÷(1+2)=21
	鹽	1	3	3	4	皮：1×21=21公克
						餡：2×21=42公克
	蛋	25	76	81	91	
	低筋麵粉	100	304	324	365	30個：
	合計	218	663	706	795	皮：21×30÷(1-5%)÷218=3.04
						餡：42×30÷(1-5%)÷266=4.99

原料名稱		百分比%	數量			計算
			30 個	32 個	36 個	
內餡	細砂糖	50	250	266	299	32 個：
	熱水	100	499	532	598	皮：21×32÷(1-5%)÷218=3.24
	奶粉	15	75	80	90	餡：42×32÷(1-5%)÷266=5.32
	鹽	1	5	5	6	
	蛋	80	399	426	478	36 個：
	蛋黃	20	100	106	120	皮：21×36÷(1-5%)÷218=3.65
	合計	266	1,328	1,415	1,591	餡：42×36÷(1-5%)÷266=5.98

重要注意事項	烤焙溫度
1. 炒鍋煮沸水，倒入鋼盆操作。 2. 糕皮拌均勻即可，避免出筋。 3. 內餡需過篩 2 次，蓋保鮮膜消泡。 4. 倒餡料時，重量是糕皮、內餡總合去秤重量。 5. 烤焙至內餡凝固，糕皮上色即可。	上火 200℃ 下火 170℃

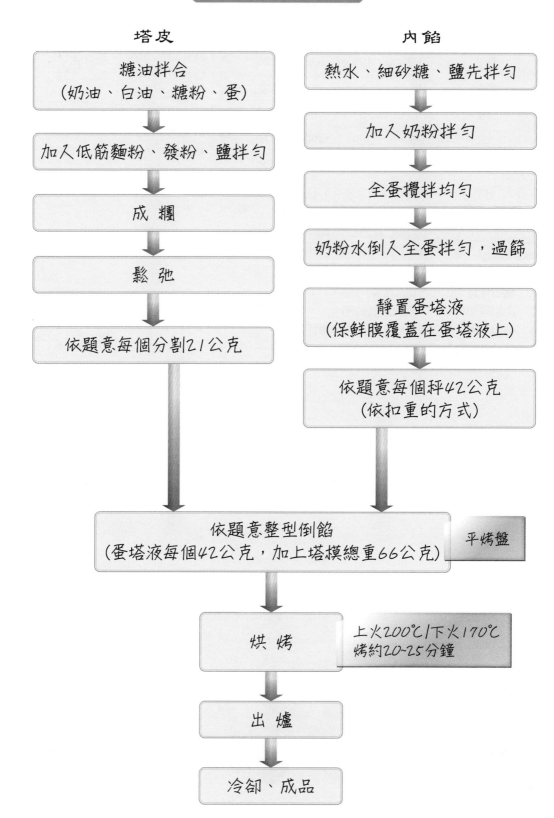

酥皮蛋塔流程圖

塔皮

糖油拌合
（奶油、白油、糖粉、蛋）

↓

加入低筋麵粉、發粉、鹽拌勻

↓

成糰

↓

鬆弛

↓

依題意每個分割21公克

內餡

熱水、細砂糖、鹽先拌勻

↓

加入奶粉拌勻

↓

全蛋攪拌均勻

↓

奶粉水倒入全蛋拌勻，過篩

↓

靜置蛋塔液
（保鮮膜覆蓋在蛋塔液上）

↓

依題意每個秤42公克
（依扣重的方式）

↓

依題意整型倒餡
（蛋塔液每個42公克，加上塔模總重66公克） ← 平烤盤

↓

烘烤 ← 上火200℃｜下火170℃ 烤約20~25分鐘

↓

出爐

↓

冷卻、成品

中式麵食加工乙級技能檢定 學／術科教戰指南

步驟圖說

1. 材料秤重。

2. 酥皮製作：將白油、奶油、糖粉打均勻至絨毛狀，再利用軟刮板將蛋液加入拌勻，最後加入低筋麵粉、奶粉、鹽拌勻。

  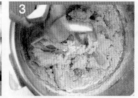 

3. 塔皮分割：先將塔皮分為六糰，每一糰再分割為五個，依題意秤重每個 21 公克。

4. 內餡製作：先將水煮沸，加入細砂糖和奶粉拌勻，加入打散的蛋裡拌勻，過篩後用保鮮膜拉除氣泡。

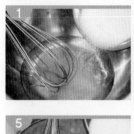   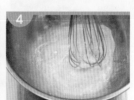

   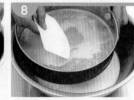

5. 塔皮製作：麵糰沾粉，朝上放到塔模裡面，拇指沾粉將塔皮捏開，將塔皮多餘的削掉，再將削下來的麵糰壓在底部略壓。

6. 填充餡料：依題意分裝 42 公克。

7. 入爐烤焙：上火 200℃／下火 170℃烤約 20~25 分鐘。

◎判斷：手沾水輕點蛋塔中央無液體，輕輕搖晃無液體狀。

30 個   32 個   36 個

TIPS

1. 塔皮糖油拌合法，考場提供奶油如果很硬，利用切麵刀切小塊，用手指略捏軟，比較好操作。

2. 全蛋都先拌成全蛋液，流量比較好掌握，避免一次加入太多，導致麵糊油水分離（花掉）。

3. 粉類先倒入 2/3 量用機器拌成糰，其餘部分用壓拌法拌入，調整軟硬度，避免過度攪拌，導致出筋。

4. 麵糰脫離葉狀攪拌器，利用大拇指及食指將殘留麵糰刮下，避免殘留過多。

5. 塔液過篩為去除雜質（臍帶）；表面蓋保鮮膜（餐巾紙），目的為消除小氣泡。

6. 倒入蛋塔液時，建議將塔皮重量一同算入，因為後續繳交會量成品重。

7. 配方多加 2 個蛋與 100 公克水，避免塔液不足。

龍鳳喜餅
★★ 096-970202H ★★

▶ 試題說明

1. 用漿皮方式製作餅皮,以含油豆沙為餡,經包餡壓模成型,表面刷蛋黃液,烤熟後之產品。

2. 產品表面需具均勻的金黃色澤、大小一致、不變形、外型完整不可破損、表面印紋清晰不可有裂紋(可見到餡)或爆餡、上下左右一致不可有明顯裙腳、表面不可烤焦、底部不可焦黑或有不熟現象或嚴重沾粉;切開後皮餡之間需完全熟透、不可有皮餡混合之現象、餅皮鬆酥、內外不可有異物、無異味、具有良好的口感。

製作說明

1. 製作皮餡比 1：3 龍鳳喜餅，每個烤熟後重 450±5% 公克。
2. 製作數量：
   (1) 6 個。
   (2) 7 個。
   (3) 8 個。

專用材料（每人份）

編號	名稱	材料規格	單位	數量	備註
1	轉化糖漿	78~82°Brix	公克	500	中點用
2	鹼水	食品級碳酸鈉	公克	50	術科辦理單位提供碳酸鈉飽和溶液
3	含油豆沙餡	市售含油烏豆沙	公克	3000	
4	蛋	生鮮雞蛋	公克	200	

備註：考生制定配方，需依本專用材料與本類麵食之共用材料表內所列之材料自由選用，所選用之材料重量不可超出所定之重量範圍。

配方計算總表

原料名稱		百分比%	數量			計算
			6 個	7 個	8 個	
漿皮	轉化糖漿	70	272	317	363	成品熟重：450±5% 公克
	花生油	20	78	91	104	設定烤焙損耗為 5%，操作損耗 5%
	鹼水	2	7	9	10	計算單個生重：
	低筋麵粉	90	369	430	492	450÷(1-5%)=474 公克
	高筋麵粉	10	39	45	52	計算個別比例生重 474÷(1+3)=118.5
	合計	192	745	869	994	皮：1×118.5=119 公克 餡：3×118.5=356 公克

原料名稱		百分比%	數量			計算
			6 個	7 個	8 個	
內餡	含油豆沙餡	100	2,136	2,492	2,848	6 個： 皮：119×6÷(1-5%)÷192=3.91 餡：356×6=2136 7 個： 皮：119×7÷(1-5%)÷192=4.57 餡：356×7=2492 8 個： 皮：119×8÷(1-5%)÷192=5.22 餡：356×8=2848
	合計	100	2,136	2,492	2,848	

重要注意事項	烤焙溫度
1. 鹹水＝鹹粉：水＝1：4，飽和溶液，現在考場提供。 2. 將抹布鋪在桌上，再進行敲模型。 3. 烘烤待表面定型再刷蛋液裝飾。 4. 壓模前灑點粉，避免漿皮黏住無法取出。	上火 220℃ 下火 200℃

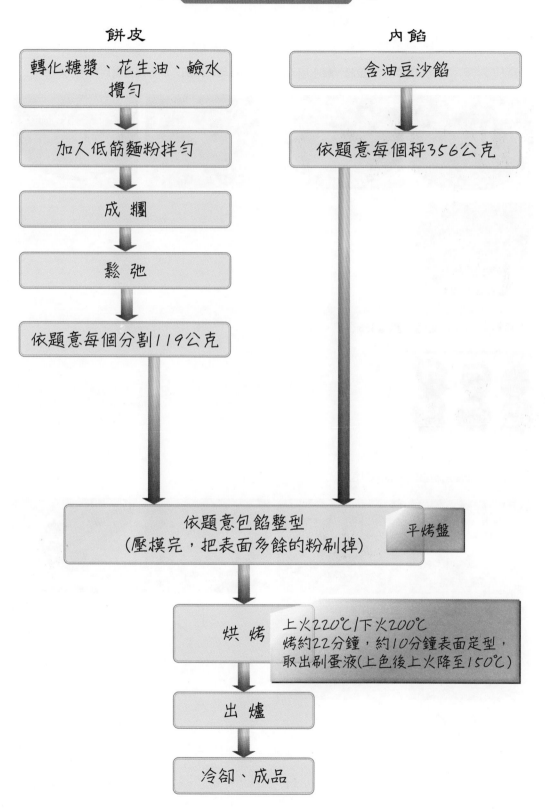

龍鳳喜餅流程圖

餅皮

轉化糖漿、花生油、鹼水攪勻

↓

加入低筋麵粉拌勻

↓

成　糰

↓

鬆　弛

↓

依題意每個分割119公克

內餡

含油豆沙餡

↓

依題意每個秤356公克

依題意包餡整型
(壓模完，把表面多餘的粉刷掉)　　平烤盤

↓

烘　烤　　上火220℃/下火200℃
烤約22分鐘，約10分鐘表面定型，
取出刷蛋液(上色後上火降至150℃)

↓

出　爐

↓

冷卻、成品

1. 材料秤重。

2. 糕皮製作：將轉化糖漿、沙拉油、鹼水放入攪拌缸內拌勻，再加入低筋麵粉攪拌成糰後鬆弛。

   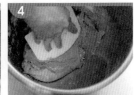

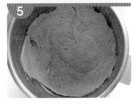

3. 餡料分割：依題意分割為 356 公克。

4. 包餡：漿皮沾粉壓開，將餡料包入。

  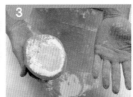 

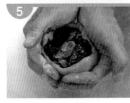 

5. 整型：先將包好的餅體微微壓扁，放入已經撒好粉的模型裡，壓實敲出來。

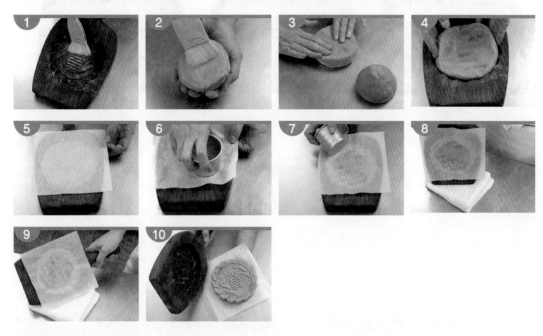

◎可以加烤焙紙，利用量杯輕壓整型底部會比較平整。

6. 入爐烘烤至表面定型，再取出刷蛋黃液。

7. 入爐烤焙：上火 220℃／下火 200℃約 22 分鐘（上色後改用燜烤方式）。

◎判斷：表面餅體呈現金黃色，底部呈現較深的褐色即可出爐。

H

| 6 個 | 7 個 | 8 個 |

TIPS

1. 餅皮要包內餡時，餅皮需均勻的包覆，否則壓模的過程中容易出面。

2. 餅體要入模時，要先在模裡面灑均勻的粉，以免沾黏。

3. 餅體敲出時，可在下方墊張油紙，方便移動。

4. 如烤焙時有裂紋，可先出爐降溫，再入爐二段烤焙。

5. 烤焙過程如：表面上色過深，可提早關上火或蓋白報紙；底部上色過深，可加套烤盤。

6. 龍鳳囍餅烤熟判斷，餅體表面和底部為金黃色（上色），表示已熟，可出爐。

7. 產品稍冷即可移往成品架，若冷卻後才移動，餅底易附著水蒸氣而潮濕。

  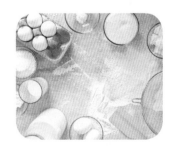

台式椰蓉月餅

★★ 096-970203H ★★

糕漿
皮麵類

03H

▶ 試題說明

1. 用糕皮方式製作月餅皮,以自調的椰蓉為餡,經包餡壓模成型,表面刷蛋黃液,烤熟後之產品。

2. 產品表面需具均勻的金黃色澤、大小一致、不變形、外型完整不可破損、表面印紋清晰不可有裂紋(可見到餡)或爆餡、上下左右一致不可有明顯裙腳、表面不可烤焦、底部不可焦黑或有不熟現象或嚴重沾粉;切開後皮餡之間需完全熟透、不可有皮餡混合之現象、餅皮鬆酥、內餡不可潰散、內外不可有異物、具椰蓉味無其他異味、有良好的口感。

製作說明

1. 製作皮餡比 1：3 台式椰蓉月餅，每個烤熟後重 92±5% 公克。
2. 製作數量：
   (1) 20 個。
   (2) 22 個。
   (3) 24 個。

專用材料（每人份）

編號	名稱	材料規格	單位	數量	備註
1	椰子粉	白色細絲	公克	800	
2	蒸熟麵粉	低筋麵粉蒸熟	公克	800	考場準備
3	鮮奶	市售品	公克	300	
4	蛋	生鮮雞蛋	公克	400	

備註：考生制定配方，需依本專用材料與本類麵食之共用材料表內所列之材料自由選用，所選用之材料重量不可超出所定之重量範圍。

配方計算總表

原料名稱		百分比%	數量			計算
			20 個	22 個	24 個	
糕皮	奶油	20	49	54	59	成品熟重：92±5% 公克
	糖粉	35	85	94	103	設定烤焙損耗為 5%，操作損耗 5%
	麥芽糖	15	37	40	44	計算單個生重：92÷(1-5%)=97 公克
	鹽	1	2	3	3	計算個別比例生重 97÷(1+3)=24
	蛋	30	73	80	88	皮：1×24=24 公克
	低筋麵粉	100	244	268	293	餡：3×24=72 公克
	奶粉	6	15	16	18	20 個： 皮：24×20÷(1-5%)÷207=2.44
	合計	207	505	555	608	餡：72×20÷(1-5%)÷321=4.72

原料名稱		百分比%	數量			計算
			20 個	22 個	24 個	
內餡	奶油	35	165	182	198	22 個： 皮：24×22÷(1-5%)÷207=2.68 餡：72×22÷(1-5%)÷321=5.19 24 個： 皮：24×24÷(1-5%)÷207=2.93 餡：72×24÷(1-5%)÷321=5.67
	糖粉	50	236	260	284	
	蛋	35	165	182	198	
	鮮奶	20	94	104	113	
	鹽	1	5	5	6	
	椰子粉	80	378	415	454	
	蒸熟麵粉	100	472	519	567	
	合計	321	1,515	1,667	1,820	

重要注意事項	烤焙溫度
1. 內餡如太軟，可先入冷藏。 2. 糕皮需沾點粉，再包內餡，避免沾黏。 3. 烘烤時表面定型再刷蛋液裝飾。 4. 入爐加墊一個烤盤烤焙。	上火 220℃ 下火 160℃

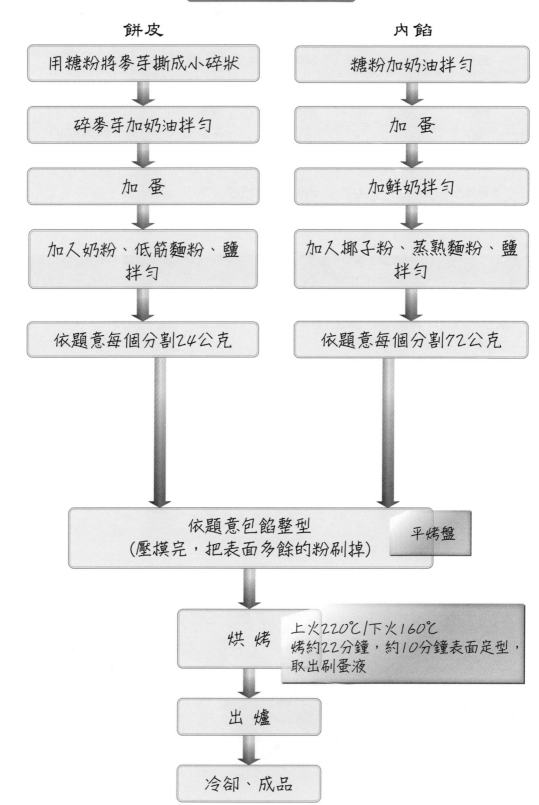

台式椰蓉月餅流程圖

餅皮

用糖粉將麥芽撕成小碎狀

↓

碎麥芽加奶油拌勻

↓

加 蛋

↓

加入奶粉、低筋麵粉、鹽拌勻

↓

依題意每個分割24公克

內餡

糖粉加奶油拌勻

↓

加 蛋

↓

加鮮奶拌勻

↓

加入椰子粉、蒸熟麵粉、鹽拌勻

↓

依題意每個分割72公克

↓

依題意包餡整型
(壓模完，把表面多餘的粉刷掉)　　平烤盤

↓

烘 烤　上火220℃／下火160℃
烤約22分鐘，約10分鐘表面定型，
取出刷蛋液

↓

出 爐

↓

冷卻、成品

1. 材料秤重。

2. 糕皮製作：用糖粉將麥芽糖撕成小碎狀，將碎麥芽加奶油拌勻，利用軟刮板加入蛋液，再加入奶粉、低筋麵粉、鹽拌勻成糰。

3. 內餡製作：將糖粉、奶油放入攪拌缸拌勻，再利用軟刮板微彎靠在安全網上，分次加入蛋液、鮮奶拌勻，再加入椰子粉、熟麵粉、鹽拌勻成糰。

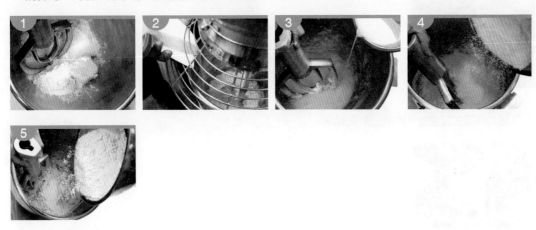

4. 分割餡料：依題意秤重。

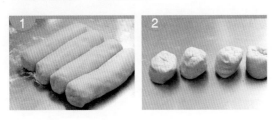

5. 包餡：糕皮沾粉壓開，將餡料放入，收口收緊。

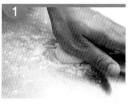   

6. 整型：將餅體放入已經撒好粉的模型裡壓實後敲出。

7. 入爐烘烤至表面定型，再取出刷蛋黃液。

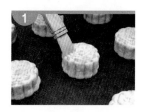

8. 入爐烤焙：上火 220℃／下火 160℃，約 22 分鐘。

◎判斷：表面蛋液呈現金黃色，底部呈現較深的褐色即可出爐。

| 20 個 | 22 個 | 24 個 |

TIPS

1. 糕皮、內餡糖油拌合法，考場提供奶油如果很硬，利用切麵刀切小塊，用手指略捏軟，比較好操作。

2. 餅皮要包內餡時，餅皮需均勻的包覆，否則壓模的過程中容易出面。

3. 餡料拌勻後，先鬆弛能讓水分完全吸收。

4. 粉類先倒入 2/3 量用機器拌成糰，其餘部分用壓拌法拌入，調整軟硬度，避免過度攪拌，導致出筋。

5. 烤焙過程如：表面上色過深，可提早關上火或蓋白報紙；底部上色過深，可加套烤盤。

6. 台式椰蓉月餅烤熟判斷，餅體表面和底部為淡焦褐色（上色），餅拿得起來即表示已熟，可出爐。

7. 產品稍冷即可移往成品架，若冷卻後才移動，餅底易附著水蒸氣而潮濕。

NG 說明

刷表面蛋液時，不要刷過多否則看不出紋路。

酥皮椰塔
★★ 096-970204H ★★

糕漿
皮麵類
04H

▶ 試題說明

1. 用糕皮方式製作塔皮，放入塔模內，填入生的椰塔餡，塔餡表面刷蛋黃液，烤熟
   後之產品。

2. 產品表面需具均勻的色澤、大小一致、外型完整不可破損、表面不可烤焦、底部
   不可焦黑或有不熟現象；切開後中間不可有未熟的生餡、餡料需鬆軟而不潰散、
   塔皮鬆酥、內外不可有異物、具椰蓉味無其他異味、有良好的口感。

製作說明

1. 製作皮餡比 1：2 酥皮椰塔，每個烤熟後重 60±5% 公克。
2. 製作數量：
   (1) 24 個。
   (2) 28 個。
   (3) 32 個。

專用材料（每人份）

編號	名稱	材料規格	單位	數量	備註
1	椰子粉	白色細絲	公克	800	
2	鮮奶	市售品	公克	400	
3	蛋	生鮮雞蛋	公克	600	含刷表面用

備註：考生制定配方，需依本專用材料與本類麵食之共用材料表內所列之材料自由選用，所選用之材料重量不可超出所定之重量範圍。

配方計算總表

原料名稱		百分比%	數量			計算
			24 個	28 個	32 個	
糕皮	白油	25	61	71	81	成品熟重：60±5% 公克
	奶油	25	61	71	81	設定烤焙損耗為 5%，操作損耗 5%
	糖粉	40	97	114	130	計算單個生重：60÷(1-5%)=63 公克
	奶粉	2	5	6	6	計算個別比例生重 63÷(1+2)=21
	鹽	1	2	3	3	皮：1×21=21 公克
	蛋	25	61	71	81	餡：2×21=42 公克
	低筋麵粉	100	243	284	324	24 個：
	合計	218	530	620	706	皮：21×24÷(1-5%)÷218=2.43
						餡：42×24÷(1-5%)÷291=3.65

原料名稱		百分比%	數量			計算
			24 個	28 個	32 個	
內餡	細砂糖	50	183	213	243	28 個：
	奶油	30	110	128	146	皮：21×28÷(1-5%)÷218=2.84
	鹽	1	4	4	5	餡：42×28÷(1-5%)÷291=4.25
	鮮奶	60	219	255	292	32 個：
	蛋	50	183	213	243	皮：21×32÷(1-5%)÷218=3.24
	椰子粉	100	365	425	486	餡：42×32÷(1-5%)÷291=4.86
	合計	291	1,064	1,238	1,415	

重要注意事項	烤焙溫度
1. 糕皮拌均勻即可，避免出筋。 2. 充填內餡，不建議壓緊，鬆鬆的可以幫助循環，更容易熟透。 3. 蛋黃液利用毛刷，大約沾點即可。	上火 200℃ 下火 170℃

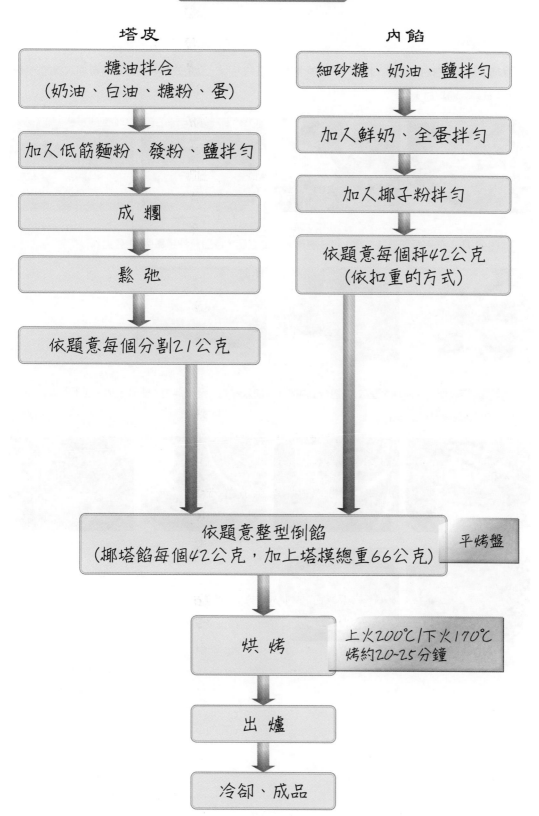

酥皮椰塔流程圖

塔皮

糖油拌合
（奶油、白油、糖粉、蛋）

↓

加入低筋麵粉、發粉、鹽拌勻

↓

成 糰

↓

鬆 弛

↓

依題意每個分割21公克

內餡

細砂糖、奶油、鹽拌勻

↓

加入鮮奶、全蛋拌勻

↓

加入椰子粉拌勻

↓

依題意每個秤42公克
（依扣重的方式）

↓

依題意整型倒餡
（椰塔餡每個42公克，加上塔模總重66公克）　　平烤盤

↓

烘 烤　　上火200℃/下火170℃
烤約20~25分鐘

↓

出 爐

↓

冷卻、成品

1. 材料秤重。

2. 酥皮製作：白油、奶油、糖粉、奶粉與鹽拌勻至絨毛狀，利用軟刮板將蛋液慢慢加入拌勻，最後加入低筋麵粉拌勻。

3. 麵糰分割：先將麵糰分為六糰，每一糰再分割為五個，依題意秤重每個 21 公克。

4. 內餡製作：奶油、砂糖、鹽放入攪拌缸中攪拌，加入鮮奶、全蛋拌勻（要分次加，要不然會花掉），最後加入椰子粉拌勻備用。

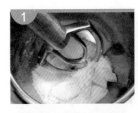 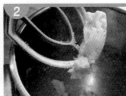  

5. 塔皮製作：麵糰沾粉朝上，放到塔模裡面，拇指沾粉將塔皮捏開，將塔皮多餘的削掉，再將削下來的麵糰壓在底部略壓。

6. 填充餡料：以扣重方式 42 公克將內餡填入塔模中，整型至小山狀。

7. 表面塗抹兩次蛋黃液。

8. 入爐烤焙：上火 200℃／下火 170℃，約 20~25 分鐘。

◎判斷：表面蛋液呈現金黃色，底部呈現褐色即可出爐。

24 個　　　　　　28 個　　　　　　32 個

TIPS

1. 塔皮糖油拌合法，考場提供奶油如果很硬，利用切麵刀切小塊，用手指略捏軟，比較好操作。

2. 全蛋都先拌成全蛋液，流量比較好掌握，避免一次加入太多，導致麵糊油水分離（花掉）。

3. 粉類先倒入 2/3 量用機器拌成糰，其餘部分用壓拌法拌入，調整軟硬度，避免過度攪拌，導致出筋。

4. 餡料拌勻後，要鬆弛才能讓水分完全吸收。

5. 可先入爐 10 分，外觀略定型後再抹蛋液。

NG 說明

椰子餡整型，盡量每個高度都平均（小山狀），不要把內餡壓緊實或太多空洞，受熱的溫度容易不均勻，未熟透。

金露酥
★★ 096-970205H ★★

糕漿
皮麵類
05H

▶ 試題說明

1. 用糕皮方式製作外皮，以含油豆沙為餡，經包餡整成圓型，表面刷蛋黃液，烤熟後之產品。

2. 產品表面需具均勻的金黃色澤、大小一致、不變形、外型需略呈下滑（底較大）、表面可有輕微裂紋，但不可見到餡、表面不可烤焦、底部不可焦黑或有不熟現象；切開後皮餡之間需完全熟透、皮鬆酥、內外不可有異物、無異味、具有良好的口感。

製作說明

1. 製作皮餡比 2：1 金露酥，每個烤熟後重 40±5% 公克。
2. 製作數量：
   (1) 32 個。
   (2) 36 個。
   (3) 40 個。

專用材料（每人份）

編號	名稱	材料規格	單位	數量	備註
1	糖粉	市售純糖粉	公克	300	
2	奶粉	全脂或脫脂	公克	100	
3	蛋	生鮮雞蛋	公克	200	
4	碳酸氫鈉	食品級	公克	10	小蘇打
5	布丁粉	速溶性雞蛋布丁粉	公克	200	卡士達粉
6	含油豆沙餡	市售含油烏豆沙	公克	800	

備註：考生制定配方，需依本專用材料與本類麵食之共用材料表內所列之材料自由選用，所選用
之材料重量不可超出所定之重量範圍。

配方計算總表

原料名稱		百分比%	數量			計算
			32 個	36 個	40 個	
糕皮	糖粉	36	163	184	204	成品熟重：40±5% 公克 設定烤焙損耗為 5%，操作損耗 5% 計算單個生重：40÷(1-5%)=42 公克 計算個別比例生重 42÷(2+1)=14 皮：2×14=28 公克 餡：1×14=14 公克 32 個： 皮：28×32÷(1-5%)÷208=4.53 餡：14×32=448 36 個： 皮：28×36÷(1-5%)÷208=5.10 餡：14×36=504 40 個： 皮：28×40÷(1-5%)÷208=5.67 餡：14×40=560
	奶油	23	104	117	130	
	白油	23	104	117	130	
	蛋	23	104	117	130	
	低筋麵粉	100	453	510	567	
	奶粉	2	9	10	11	
	鹽	1	5	5	6	
	合計	208	942	1,060	1,178	
內餡	含油 紅豆沙餡	100	448	504	560	
	合計	100	448	504	560	
裝飾	蛋黃液		適量	適量	適量	

重要注意事項	烤焙溫度
1. 糕皮拌均勻即可，避免出筋。 2. 入爐加墊一個烤盤烤焙。	上火 220℃ 下火 130℃

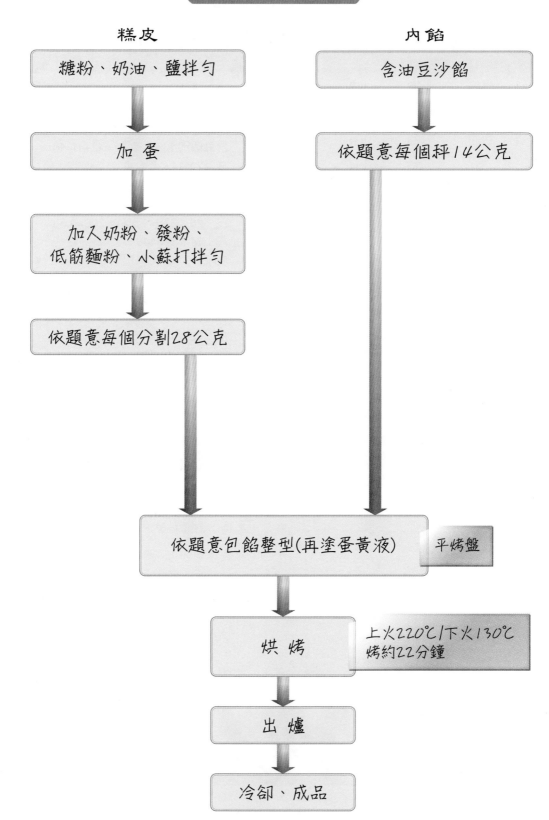

金露酥流程圖

糕皮

糖粉、奶油、鹽拌勻

↓

加 蛋

↓

加入奶粉、發粉、
低筋麵粉、小蘇打拌勻

↓

依題意每個分割28公克

內餡

含油豆沙餡

↓

依題意每個秤14公克

↓

依題意包餡整型(再塗蛋黃液)　　平烤盤

↓

烘 烤　　上火220℃|下火130℃
烤約22分鐘

↓

出 爐

↓

冷卻、成品

步驟圖說

1. 材料秤重。

2. 酥皮製作：將糖粉、奶油、鹽打至均勻絨毛狀，再利用軟刮板微彎靠在安全網上，分次加入蛋液拌勻，加入奶粉、發粉、低筋麵粉、小蘇打過篩加入拌勻成糰。

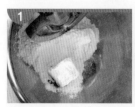   

3. 糕皮分割：依題意秤重每個 28 公克。

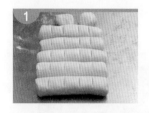

4. 內餡分割：將含油豆沙依題意分割。

5. 包餡、整型：將麵糰沾粉，壓扁包入含油豆沙，收口收緊後搓成圓球狀。

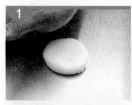  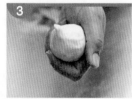 

6. 表面刷蛋黃液。

7. 入爐烤焙：上火 220℃／下火 130℃約 22 分鐘。

◎判斷：表面蛋液呈現金黃色，底部呈現較深的褐色即可出爐。

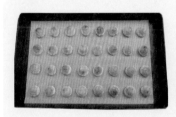

| 32 個 | 36 個 | 40 個 |

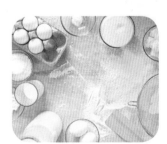

TIPS

1. 糕皮糖油拌合法，考場提供奶油如果很硬，利用切麵刀切小塊，用手指略捏軟，比較好操作。

2. 全蛋都先拌成全蛋液，流量比較好掌握，避免一次加入太多，導致麵糊油水分離（花掉）。

3. 粉類先倒入 2/3 量用機器拌成糰，其餘部分用壓拌法拌入，調整軟硬度，避免過度攪拌，導致出筋。

4. 糕皮要包內餡時，糕皮需均勻的包覆，否則壓模的過程中容易爆餡。

5. 烤焙過程如：表面上色過深，可提早關上火或蓋白報紙；底部上色過深，可加套烤盤。

6. 金露酥烤熟判斷，表面和底部為金黃色（上色），餅拿得起來即表示已熟，可出爐。

7. 產品稍冷即可移往成品架，若冷卻後才移動，餅底易附著水蒸氣而潮濕。

MEMO

178

Part 04

中式麵食加工乙級

技能檢定學科試題

工作項目 01：產品分類

( ) 1. 下列哪一組中式麵食依分類不屬於冷水麵食？　(1) 生鮮麵條、春捲皮　(2) 燒賣、貓耳朵　(3) 餛飩、淋餅　(4) 水餃、刀削麵。 　2

( ) 2. 下列哪一組中式麵食不屬於發酵麵食？　(1) 饅頭、千層糕　(2) 水煎包、菜肉包　(3) 巧果、開口笑　(4) 麵龜、銀絲捲。 　3

( ) 3. 龍鳳喜餅（和生餅）、廣式月餅屬於下列哪一類麵食？　(1) 酥油皮麵食　(2) 糕漿皮麵食　(3) 發粉麵食油炸　(4) 冷水麵食。 　2

( ) 4. 春捲皮、淋餅依分類屬於下列哪一類麵食？　(1) 燙麵食　(2) 發酵麵食　(3) 酥油皮麵食　(4) 冷水麵食。 　4

( ) 5. 荷葉餅、蔥油餅依分類屬於下列哪一類麵食？　(1) 燙麵食　(2) 發酵麵食　(3) 酥油皮麵食　(4) 發粉麵食。 　1

( ) 6. 下列哪一組中式麵食屬於油炸麵食？　(1) 開口笑、麻花　(2) 油條、太陽餅　(3) 咖哩餃、老婆餅　(4) 椰蓉酥、蒜蓉酥。 　1

( ) 7. 下列哪一組中式麵食屬於糕漿皮麵食？　(1) 鳳梨酥、雞仔餅　(2) 椰蓉酥、巧果　(3) 蛋塔、香妃酥　(4) 蒜蓉酥、太陽餅。 　1

( ) 8. 下列哪一組中式麵食屬於燙麵食？　(1) 蒸餃、魚翅餃　(2) 荷葉餅、燒賣　(3) 水晶餃、魚翅餃　(4) 鍋貼、貓耳朵。 　2

( ) 9. 下列哪一組中式麵食屬於發酵麵食？　(1)饅頭、銀絲捲　(2)小籠包、燒賣　(3)水晶餃、千層糕　(4)麵龜、春捲皮。 　1

( ) 10. 淋餅屬於　(1) 冷水麵食　(2) 燙麵食　(3) 發酵麵食　(4) 發粉麵食。 　1

( ) 11. 下列何組產品屬於冷水麵食？　(1) 餛飩、水餃　(2) 水餃、蒸餃　(3) 餡餅、燒賣　(4) 水晶餃、水餃。 　1

( ) 12. 水調麵食的冷水麵或燙麵皆可調製薄餅麵食，下列何者較不適合燙麵作法？(1) 荷葉餅　(2) 蔥油餅　(3) 春捲皮　(4) 蛋餅。 　3

( ) 13. 水調麵食的麵皮調製用冷水或熱水，其配方加水量差異很大，下列何者　　3
較不適合冷水麵作法？　(1) 春捲皮　(2) 餛飩皮　(3) 燒賣皮　(4) 魚翅
餃。

( ) 14. 水調麵食以冷水調製麵條時，下列何者不是其熟製方法之一？　(1) 水　　4
煮、油炸　(2) 水煮　(3) 蒸、水煮　(4) 曬乾。

( ) 15. 生鮮麵條的含水量大約 35~40%，經乾燥後成乾麵條其含水量約　　　　3
(1)25~20%　(2)20~15%　(3)15~10%　(4)10~5%。

( ) 16. 下列產品作法中，何者非使用油皮包油酥捲作法？　(1) 蒜蓉酥　(2) 椰　　4
蓉酥　(3) 菊花酥　(4) 桃酥。

( ) 17. 廣式月餅屬於糕（漿）皮類麵食，下列產品中何者餅皮製作方法與其近　　2
似？　(1) 台式月餅　(2) 龍鳳喜餅　(3) 鳳梨酥　(4) 老婆餅。

( ) 18. 油條屬於油炸麵食，通常使用阿摩尼亞為膨大劑，其化學名稱為　(1)　　3
碳酸鈉 (Na_2CO_3)　(2) 碳酸鉀 (K_2CO_3)　(3) 碳酸氫銨 (NH_4HCO_3)　(4) 碳
酸氫鈉 ($NaHCO_3$)。

( ) 19. 下列產品中何者通常是使用發酵麵皮？　(1) 香酥燒餅　(2) 蟹殼黃　(3)　　2
芝麻醬燒餅　(4) 蘿蔔絲酥餅。

( ) 20. 燒餅類產品，通常需要鬆軟燒餅麵皮時，通常會使用老麵或酵母來發酵　　3
麵皮，下列產品中何者使用非發酵麵皮？　(1) 蔥脂燒餅　(2) 肉末燒餅
(3) 香酥燒餅　(4) 糖鼓燒餅。

( ) 21. 下列何種發粉麵食，製作時蛋需要充分打發？　(1) 千層糕　(2) 黑糖糕　　4
(3) 發糕　(4) 夾心鹹蛋糕。

( ) 22. 兩相好（雙胞胎）在麵食分類是屬於　(1) 發酵麵食　(2) 發粉麵食　(3)　　3
油炸麵食　(4) 水調麵食。

( ) 23. 製作油條時，最不需考慮何種麵粉的成分　(1) 水分含量　(2) 蛋白質含　　4
量　(3) 礦物質（灰份）含量　(4) 油脂含量。

( ) 24. 下列何組添加劑適合饅頭包子使用？　(1) 丙酸鈣、丙酸鈉　(2) 碳酸氫　　2
鈉、碳酸鈉　(3) 碳酸銨、碳酸鉀　(4) 磷酸鹽類、溴酸鉀。

( ) 25. 依中式麵食檢定規範之產品分類，油條屬於　(1) 水調麵類　(2) 發麵類　　24
(3) 發酵麵食　(4) 油炸麵食。

( ) 26. 依中式麵食檢定規範之產品分類，下列何者屬於發酵麵食？ (1) 發麵燒餅 (2) 銀絲捲 (3) 千層糕 (4) 叉燒包。 | 234

( ) 27. 依中式麵食檢定規範之產品分類，以下何者正確？ (1) 芝麻燒餅屬於冷水麵食 (2) 桃酥屬於糕漿皮麵食 (3) 燙麵食屬於水調和麵類 (4) 台式喜餅屬於酥油皮麵食。 | 23

( ) 28. 依中式麵食檢定規範之產品分類，淋餅屬於 (1) 糕漿皮麵食 (2) 水調和類麵食 (3) 燙麵食 (4) 冷水麵食。 | 24

( ) 29. 依中式麵食檢定規範之產品分類，蘿蔔絲酥餅屬於 (1) 酥油皮麵食 (2) 發酵麵食 (3) 水調和麵類 (4) 燒餅類麵食。 | 34

( ) 30. 下列哪些中式麵食產品屬於燙麵食？ (1) 菜肉餡餅 (2) 四喜燒賣 (3) 餛飩 (4) 蒸餃。 | 124

( ) 31. 下列哪些中式麵食組合屬於酥油皮麵食 (1) 廣式月餅、椰蓉酥 (2) 蒜蓉酥、咖哩餃 (3) 金露酥、油皮蛋塔 (4) 芝麻喜餅、泡餅。 | 24

( ) 32. 依中式麵食檢定規範之產品分類，下列哪些組合不同一類 (1) 千層酥、金露酥、椰蓉酥 (2) 咖哩餃、水餃、蒸餃 (3) 銀絲捲、發糕、兩相好 (4) 太陽餅、糖鼓燒餅、龍鳳喜餅。 | 124

( ) 33. 下列哪些屬於不正確的乙級術科配題組合 (1) 叉燒包、蒸蛋糕、糖麻花 (2) 水餃、咖哩餃、酥皮椰塔 (3) 太陽餅、椰蓉酥、芝麻燒餅 (4) 老婆餅、蘇式椒鹽月餅、酥皮蛋塔。 | 23

( ) 34. 依中式麵食檢定規範之產品分類，下列哪些產品與巧果屬於同一類麵食 (1) 糖麻花 (2) 金露酥 (3) 油條 (4) 椰蓉酥。 | 13

( ) 35. 下列何者不屬於發粉麵食 (1) 糖麻花 (2) 叉燒包 (3) 金露酥 (4) 黑糖糕。 | 123

( ) 36. 下列哪些組合符合中式麵食技檢規範之同一分類 (1) 乾麵條、水餃、餛飩 (2) 芝麻燒餅、糖鼓燒餅、白豆沙月餅 (3) 太陽餅、咖哩餃、蒸餃 (4) 兩相好、蓮花酥、千層酥。 | 14

工作項目 02：原料之選用

( ) 1. 製作酥油皮麵食，選用何種油脂，可使產品具有較鬆酥之特性　(1) 橄欖油　(2) 大豆油　(3) 花生油　(4) 豬油。　　　　　　　　　　　4

( ) 2. 調製菜肉包之內餡，最宜使用哪一部位的豬肉？　(1) 頸肉　(2) 梅花肉　(3) 腰內肉　(4) 後腿肉。　　　　　　　　　　　　　　　　4

( ) 3. 調製牛肉餡餅之內餡，下列何種香辛料較不常被使用？　(1) 胡椒粉　(2) 八角粉　(3) 小茴香粉　(4) 香草粉。　　　　　　　　　　　　4

( ) 4. 調製冷凍水餃之內餡，下列何種蔬菜較不常被使用？　(1) 大白菜　(2) 高麗菜　(3) 韭菜　(4) 芥菜。　　　　　　　　　　　　　　　4

( ) 5. 最不宜用來調製水餃餡料的畜肉，是屠體哪一部位？　(1) 腰部　(2) 腿部　(3) 腹部　(4) 頭部。　　　　　　　　　　　　　　　　4

( ) 6. 調製冷凍餛飩之內餡，較少被使用的調味料是　(1) 鹹味料　(2) 鮮味料　(3) 甜味料　(4) 酸味料。　　　　　　　　　　　　　　　4

( ) 7. 麵條製作時可增加麵糰筋性之合法添加物是　(1) 溴酸鉀　(2) 碘酸鉀　(3) 硼砂　(4) 碳酸鈉。　　　　　　　　　　　　　　　　4

( ) 8. 下列何種原料會降低發酵麵糰之筋性？　(1) 奶粉　(2) 鹽　(3) 活性脫脂大豆粉　(4) 小麥生胚芽。　　　　　　　　　　　　　　4

( ) 9. 下列何種原料會使麵條的韌性降低？　(1) 高筋麵粉　(2) 塩水　(3) 活性麵筋粉　(4) 小麥澱粉。　　　　　　　　　　　　　　　4

( ) 10. 欲增加發酵麵食的白度，可使用下列何種合法原料或食品添加物？　(1) 高灰分麵粉　(2) 活性脫脂大豆粉　(3) 過氧化氯　(4) 亞硫酸鈉。　　2

( ) 11. 下列何種測定方法無法測得麵粉麵筋之性質？　(1) 濕麵筋測定　(2) 麵糰物性測定儀 (Farinograph)　(3) 麵糰伸展儀 (Extensograph)　(4) 沉降係數 (Falling number)。　　　　　　　　　　　　　　　　　4

( ) 12. 下列何種原料能促進豆沙包麵糰之發酵作用　(1) 乳糖　(2) 蔗糖　(3) 鹽　(4) 乳化劑。　　　　　　　　　　　　　　　　　2

( ) 13. 下列何種糖對廣式月餅之保濕性最強　(1) 特砂糖　(2) 細砂糖　(3) 糖粉　(4) 轉化糖漿。　　　　　　　　　　　　　　　　　4

( ) 14. 下列何種原料最易使烤焙類麵食表面著色　(1) 砂糖　(2) 葡萄糖　(3) 乳糖　(4) 麥芽糖。　**3**

( ) 15. 下列何者為多元不飽和脂肪酸？　(1) 棕櫚酸　(2) 癸酸　(3) 油酸　(4) 次亞麻仁油酸。　**4**

( ) 16. 酥油皮麵食所用之油脂其氧化作用，不受下列何種因子之影響？　(1) 水　(2) 紫外線　(3) 抗氧化物　(4) 鹽。　**4**

( ) 17. 下列何項不是奶粉在發酵麵食之功用？　(1) 增進營養　(2) 增進風味　(3) 增強麵筋　(4) 降低吸水量。　**4**

( ) 18. 製作蒸蛋糕時，蛋貯存一段時間之後，其品質之變化與下列何項敘述不符合？　(1) 黏蛋白之 pH 降低　(2) 溶菌酵素之活性降低　(3) 球蛋白之 pH 增高　(4) 蛋白之黏度降低。　**1**

( ) 19. 發粉麵食所用的快性發粉之組成分，除了小蘇打及澱粉外還有　(1) 無水酸性磷酸鈉　(2) 磷酸氫鈣　(3) 酒石酸氫鉀　(4) 葡萄糖酸內酯。　**3**

( ) 20. 馬拉糕製作使用之油脂，最宜使用　(1) 純豬油　(2) 大豆油　(3) 乳化白油　(4) 人造奶油。　**2**

( ) 21. 下列何項因子不會影響油脂之氫化作用？　(1) 氫化的程度　(2) 油的純度　(3) 溫度　(4)pH。　**4**

( ) 22. 製作涼麵、油麵時可增加麵條彈韌性的原料為　(1) 白醋　(2) 油　(3) 鹼水　(4) 玉米澱粉。　**3**

( ) 23. 饅頭製作時，何種原料可提供酵母菌生長？　(1) 鹽　(2) 奶粉　(3) 蔗糖　(4) 油脂。　**3**

( ) 24. 製作發酵麵食時，添加何種原料對麵糰的發酵影響較不顯著？　(1) 酵母　(2) 鹽　(3) 糖　(4) 活性脫脂大豆粉。　**4**

( ) 25. 製作酥油皮類麵食，下列何種油脂的油性較差？　(1) 大豆油　(2) 雪白油　(3) 奶油　(4) 豬油。　**1**

( ) 26. 欲製作良好風味的鳳梨酥，最好使用何種油脂？　(1) 沙拉油　(2) 雪白奶油　(3) 奶油　(4) 棕櫚油。　**3**

( ) 27. 不能提供饅頭酵母菌生長之能源的甜味料是　(1) 糖精　(2) 砂糖　(3) 葡萄糖　(4) 果糖。　**1**

( ) 28. 下列何種油最適合油炸沙琪瑪或巧果？ (1) 豬油 (2) 棕櫚油 (3) 奶油 (4) 乳瑪琳。　　2

( ) 29. 下列何種水最適合製作餡餅皮或蒸餃皮？ (1) 自來水 (2) 冰水 (3) 冷水 (4) 沸水。　　4

( ) 30. 下列何種膨脹原料最適合於油條與沙琪瑪之製作？ (1) 速溶酵母 (2) 燒明礬 (3) 小蘇打 (4) 碳酸氫銨。　　4

( ) 31. 下列何種麵粉最適合製作叉燒包？ (1) 高筋麵粉 (2) 低筋麵粉 (3) 特高筋麵粉 (4) 中筋麵粉。　　2

( ) 32. 製作油條的麵粉應選用 (1) 蛋白質含量較低者 (2) 澱粉含量較高者 (3) 維生素含量較高者 (4) 蛋白質含量較高者。　　4

( ) 33. 冷水麵糰的延展性主要是來自 (1) 醇溶性蛋白 (Gliadin) (2) 麥穀蛋白 (Glutenin) (3) 酸溶蛋白 (Mesonin) (4) 球蛋白 (Albumin)。　　1

( ) 34. 麵條的口感與麵粉的蛋白質含量及何種成份有關？ (1) 維生素 B 的含量 (2) 澱粉的含量 (3) 灰分的含量 (4) 纖維的含量。　　2

( ) 35. 製作蒸蛋糕最好選用何種麵粉？ (1) 蛋白質含量較高者 (2) 澱粉含量較低者 (3) 濕麵筋含量較低者 (4) 濕麵筋含量較高者。　　3

( ) 36. 製作饅頭包子時於麵糰中添加何種原料可促進酵母之發酵？ (1) 乳化劑 (2) 鹼水 (3) 泡打粉 (4) 細砂糖。　　4

( ) 37. 製作饅頭包子時使用何種合法方法可使色澤變白 (1) 蒸時用硫磺煙薰 (2) 麵糰內添加炒熟的大豆粉 (3) 麵糰內添加活性大豆粉 (4) 麵糰內添加白砂糖。　　3

( ) 38. 下列何種產品不適合使用碳酸氫銨作為膨脹劑？ (1) 黑糖糕 (2) 沙琪瑪 (3) 油條 (4) 桃酥。　　1

( ) 39. 製作酥油皮類麵食使用的油脂，何種油性最佳？ (1) 奶油 (2) 沙拉油 (3) 棕櫚油 (4) 豬油。　　4

( ) 40. 廣式月餅皮傳統上使用的油脂是 (1) 雪白油 (2) 奶油 (3) 豬油 (4) 花生油。　　4

( ) 41. 下列何組產品的麵糰最適合使用沸水？ (1) 油麵與鍋貼 (2) 蒸餃與水餃 (3) 蒸餃與餡餅 (4) 芝麻燒餅與發麵燒餅。　　3

( ) 42. 能直接提供發麵類酵母菌繁殖之甜味料是　(1) 甜蜜素　(2) 砂糖　(3) 麥芽糖　(4) 葡萄糖。　**4**

( ) 43. 下列何種膨脹原料最適合於馬拉糕與蒸蛋糕之製作？　(1) 速溶酵母　(2) 燒明礬　(3) 碳酸氫銨　(4) 泡打粉。　**4**

( ) 44. 下列何者不是發粉類麵食所用的發粉之組成分？　(1) 小蘇打粉　(2) 澱粉　(3) 酒石酸氫鉀　(4) 葡萄糖酸內酯。　**4**

( ) 45. 沙拉油最適合使用於何種產品？　(1) 油條與沙琪瑪的麵糰　(2) 廣式與台式月餅的皮　(3) 燒餅與太陽餅的油酥　(4) 馬拉糕或蒸蛋糕的麵糊。　**4**

( ) 46. 下列何種原料於製作饅頭時與酵母菌的繁殖無關？　(1) 鹽　(2) 鮮奶　(3) 葡萄糖　(4) 油脂。　**4**

( ) 47. 麵糰物性測定儀 (Farinograph) 多用於何種測定？　(1) 濕麵筋的含量　(2) 蛋白質的含量　(3) 麵筋的性質　(4) 沉降係數。　**3**

( ) 48. 最常使用於油麵製作之合法添加物為　(1) 溴酸鉀　(2) 碘酸鉀　(3) 磷酸鹽　(4) 硼砂。　**3**

( ) 49. 下列何種原料比較不會影響發酵麵糰之發酵力？　(1) 鹼水　(2) 鹽　(3) 白砂糖　(4) 活性脫脂大豆粉。　**4**

( ) 50. 何種原料可使發粉類麵食的體積膨脹又會影響酸鹼值？　(1) 鹼水　(2) 速溶酵母　(3) 小蘇打粉　(4) 燒明礬。　**3**

( ) 51. 製作饅頭時添加鮮奶，主要的目地是　(1)鮮奶中的乳糖可促進酵母生長　(2) 鮮奶中的乳脂肪可促進麵糰軟化　(3) 鮮奶中的礦物質可促進麵筋軟化　(4) 鮮奶可緩衝酸鹼值。　**4**

( ) 52. 製作蒸蛋糕時，蛋的打發性與下列何種原料有關？　(1) 麵粉之蛋白質含量　(2) 砂糖之含量　(3) 奶水或油的含量　(4) 泡打粉之含量。　**2**

( ) 53. 特高筋麵粉可使產品的體積脹的更大，故最適合製作　(1) 開口笑　(2) 饅頭　(3) 油條或沙琪瑪　(4) 馬拉糕或黑糖糕。　**3**

( ) 54. 桃酥或杏仁酥的體積能脹大而龜裂與添加何種原料有關？　(1) 酵母　(2) 油脂　(3) 泡打粉　(4) 明礬。　**3**

( ) 55. 調製冷凍水餃的內餡，下列何種原料應減少使用？　(1) 醬油　(2) 液體油　(3) 水或高湯　(4) 肉類。　**3**

( ) 56. 老婆餅之內餡要 Q 而柔軟宜選用下列何種原料？ (1) 葡萄糖漿 (2) 麥芽糖漿 (3) 熟麵粉 (4) 糕仔粉。 | 4

( ) 57. 冷水麵糰的彈性主要是來自 (1) 醇溶性蛋白 (Gliadin) (2) 麥穀蛋白 (Glutenin) (3) 酸溶蛋白 (Mesonin) (4) 球蛋白 (Albumin)。 | 2

( ) 58. 用沸水製作燙麵麵皮時，何種酵素可將澱粉轉變為糊精改變澱粉膠性？ (1) 蛋白質分解酵素 (Proteases) (2) 糖化酵素 (β-amylase) (3) 液化酵素 (α-amylase) (4) 脂肪分解酵素 (Lipase)。 | 3

( ) 59. 麵食用糖的甜度比，下列何種排列才正確？ (1) 麥芽糖 - 轉化糖 - 乳糖 (2) 果糖 - 乳糖 - 葡萄糖 (3) 轉化糖 - 麥芽糖 - 果糖 (4) 葡萄糖 - 砂糖 - 果糖。 | 4

( ) 60. 下列何種熟製方法最容易使油脂氧化而產生酸敗的油耗味？ (1) 蒸 (2) 煮 (3) 烤 (4) 炸。 | 4

( ) 61. 下列何種油脂的單元不飽和脂肪酸含量最高？ (1) 大豆油 (2) 棕櫚油 (3) 純豬油 (4) 黑芝麻油。 | 4

( ) 62. 添加下列何種澱粉對麵條的彈韌性幫助較小？ (1) 玉米澱粉 (2) 樹薯粉 (3) 綠豆澱粉 (4) 馬鈴薯澱粉。 | 1

( ) 63. 製作酥油皮點心，選用何種油脂可使產品具有較鬆酥之特性？ (1) 豬油 (2) 奶油 (3) 雪白油 (4) 大豆油。 | 123

( ) 64. 調製牛肉餡餅之內餡時，下列哪種調味料常被使用？ (1) 白醋 (2) 醬油 (3) 鹽 (4) 味精。 | 234

( ) 65. 調製水餃之內餡時，經常使用下列何種蔬菜？ (1) 蔥 (2) 高麗菜 (3) 韭菜 (4) 茼蒿。 | 123

( ) 66. 調製包子之內餡時，經常使用下列何種原料？ (1) 鹹味料 (2) 甜味料 (3) 香辛料 (4) 禽畜肉類。 | 1234

( ) 67. 生鮮麵條製作時，可使用下列何種原料？ (1) 鹽 (2) 碳酸鈉 (3) 碳酸鉀 (4) 硼砂。 | 123

( ) 68. 下列何種原料會增加發酵麵糰筋性？ (1) 奶粉 (2) 鹽 (3) 活性麵筋 (4) 麩皮。 | 123

( ) 69. 欲增加饅頭白度，可使用下列何種合法原料？ (1) 低灰分麵粉 (2) 活性黃豆粉 (3) 糖 (4) 蛋白。 | 12

( ) 70. 下列何項為奶粉在發酵麵食之功用？ (1) 增進營養 (2) 增進風味 (3) 加強麵筋 (4) 降低吸水量。 | 123

( ) 71. 下列何項為酥油皮麵食可用之原料？ (1) 麵粉 (2) 小麥澱粉 (澄粉) (3) 鹽 (4) 水。 | 134

( ) 72. 下列何種原料不能提供酵母菌生長？ (1) 鹽 (2) 碳酸氫銨 (3) 油脂 (4) 蔗糖。 | 123

( ) 73. 下列何種原料會影響綠豆凸的表皮色澤？ (1) 鹽 (2) 糖 (3) 奶粉 (4) 油脂。 | 234

( ) 74. 下列何者為鳳梨酥之合法食品添加物？ (1) 香料 (2) 膨脹劑 (3) 著色劑 (4) 乳化劑。 | 1234

( ) 75. 油麵口感與下列何種因子有關？ (1) 麵粉中蛋白質含量 (2) 澱粉性質 (3) 麵條煮熟程度 (4) 熟麵條老化程度。 | 1234

( ) 76. 下列敘述何者為正確？ (1) 特高筋麵粉適合製作油條 (2) 低筋麵粉適合製作馬拉糕與黑糖糕 (3) 小麥澱粉 (澄粉) 適合製作水晶餃 (4) 中筋麵粉適合製作一般麵條。 | 1234

( ) 77. 下列何者為叉燒包之原料？ (1) 泡打粉 (2) 砂糖 (3) 油脂 (4) 麵粉。 | 1234

( ) 78. 下列麵粉分析測定方法，可測得饅頭專用粉之麵筋性質？ (1) 濕麵筋含量 (2) 麵糰物性測定儀 -Farinograph (3) 麵糰伸展測定儀 -Extensograph (4) 沉降係數 -FallingNumber。 | 123

( ) 79. 酥油皮麵食所用之油脂，其氧化作用受下列何種因子影響？ (1) 紫外線 (2) 水 (3) 抗氧化物 (4) 鹽。 | 123

( ) 80. 蒸炊發粉麵食所用之快性發粉之成分為 (1) 小蘇打 (2) 澱粉 (3) 酒石酸氫鉀 (4) 無水酸性磷酸鹽。 | 123

( ) 81. 蒸蛋糕所使用之蛋經貯存一段時間後，其品質變化為 (1) 黏蛋白之 pH 增加 (2) 球蛋白之 pH 增加 (3) 溶菌素活性降低 (4) 蛋白黏度降低。 | 1234

( ) 82. 下列哪一種麵粉，適用製作發糕？ (1) 蛋白質含量較低者 (2) 濕麵筋含量較低者 (3) 蛋白質含量較高者 (4) 濕麵筋含量較高者。 | 12

( ) 83. 製作馬拉糕所使用油脂，適宜使用 (1) 大豆油 (2) 橄欖油 (3) 豬油 (4) 雪白油。 | 12

( ) 84. 下列何項因子影響油條油炸用油之安定性？ (1) 氫化程度 (2) 溫度 (3) 脂肪酸組成 (4) 麵糰含水量。 | 1234

( ) 85. 下列何種原料會降低麵條韌性？ (1) 麩皮 (2) 小麥澱粉 (3) 活性麵筋 (4) 鹼水。 | 12

( ) 86. 製作中式麵食使用的水中碳酸鹽含量範圍，下列敘述何者為正確？ (1) 軟水 10~50 ppm (2) 中度硬水 50~100 ppm (3) 硬水 100~200 ppm (4) 高硬度水 200 ppm 以上。 | 1234

( ) 87. 製作叉燒包使用之酵母，下列敘述何者為正確？ (1) 可用活性乾酵母 (2) 可用快速乾酵母 (3) 可用老麵 (4) 可用新鮮酵母。 | 1234

( ) 88. 製作中式麵食使用之糖，下列敘述何者為正確？ (1) 發糕可用細砂糖 (2) 黑糖糕可用黑砂糖 (3) 廣式月餅餅皮使用轉化糖漿有助於保持產品柔軟度 (4) 壽桃麵糰之細砂糖，有助酵母菌發酵及增加口感。 | 1234

( ) 89. 下列對麵條原料選用的敘述何者為正確？ (1) 麵糰的延展性主要來自醇溶蛋白 gliadin (2) 濕麵筋的主要成分為醇溶蛋白 gliadin 與麥穀蛋白 glutenin (3) 麵粉蛋白質的質與量影響麵條的口感 (4) 麵粉蛋白質含量較高，濕麵筋含量不一定較高。 | 1234

( ) 90. 下列敘述何者為正確？ (1) 麵條製作可使用冰水或冷水 (2) 蒸餃與餡餅製作可使用沸水 (3) 水餃製作使用冰水或冷水 (4) 饅頭製作使用沸水。 | 123

( ) 91. 下列敘述何者為正確？ (1) 製作馬拉糕適合使用沙拉油 (2) 製作鳳梨酥適合使用奶油 (3) 製作傳統廣式月餅餅皮適合使用花生油 (4) 製作太陽餅適合使用豬油。 | 1234

( ) 92. 下列何種甜味料可提供銀絲卷麵糰中酵母菌生長？ (1) 砂糖 (2) 葡萄糖 (3) 果糖 (4) 糖精。 | 123

( ) 1. 製作麵條用的攪拌設備，在相同的攪拌量下，為達到較好的水合作用，最適使用下列哪一種攪拌機？ (1) 立式攪拌機 (2) 臥式攪拌機 (3) 真空攪拌機 (4) 螺旋式攪拌機。 　3

( ) 2. 製作油麵時，國內切麵刀最常使用之刀碼為 (1)4~5 號 (2)8~10 號 (3)12~15 號 (4)16 號。 　2

( ) 3. 製作麵條時對於麵筋網狀結構形成影響最大的設備是 (1) 攪拌機 (2) 複合機 (3) 熟成設備 (4) 壓延（麵）機。 　4

( ) 4. 製作水餃皮時不需要用到的設備是 (1) 攪拌機 (2) 壓延（麵）機 (3) 撒粉機 (4) 切麵機。 　4

( ) 5. 連續式生產油麵時，不適用何種煮麵設備？ (1) 不鏽鋼材煮槽 (2) 使用圓底鍋 (3) 使用平底槽 (4) 自動溫度控制式的煮槽。 　2

( ) 6. 使用蒸汽通入水中加熱煮熟麵條、水餃等製品，其蒸汽管應採用何種材質？ (1)PVC 管 (2) 鐵管 (3) 鋁管 (4) 不鏽鋼管。 　4

( ) 7. 中式麵食工廠以鍋爐供應蒸汽，其所有有關機具配置之壓力表，應採用 (1)C 型 (2)L 型 (3)U 型 (4)W 型。 　3

( ) 8. 中式麵食工廠使用蒸汽加熱之壓力容器，所配置之壓力表，其最大壓力刻度應為使用壓力之多少倍？ (1)0~1.4 (2)1.5~2.9 (3)3~4.4 (4)4.5~5.9。 　2

( ) 9. 中式麵食工廠使用貫流式鍋爐產生蒸汽，下列何項非其具備之優點？ (1) 蒸汽產生快 (2) 儲水量少，發生災害可減少受害程度 (3) 比同容量的圓型鍋爐重量大，需要更大的燃燒面積 (4) 比同容量的圓型鍋爐直徑小，且可耐高壓。 　3

( ) 10. 中式麵食工廠使用的麵食機具，為使用安全皆需配置接地線，其顏色應採用 (1) 白 (2) 紅 (3) 綠 (4) 黑。 　3

( ) 11. 壓延（麵）機配置之無熔絲開關 (NFB) 在供電操作過程中發生跳脫現象，其可能原因為 (1) 漏電 (2) 停電 (3) 電壓過低 (4) 短路。 　4

( ) 12. 若中筋麵粉的比重為 0.5，而今為籌設一散裝粉倉，至少應能容下每次進貨量 12 公噸的中筋麵粉，則此散裝粉倉的容積至少應為 (1)6 立方公尺 (2)10 立方公尺 (3)12 立方公尺 (4)24 立方公尺。 　4

( ) 13. 使用壓延（麵）機壓麵時，較安全的操作原則是　(1) 以手指拉麵帶進滾輪　(2) 手指端朝滾輪，手掌貼麵帶推送　(3) 手指端反向，手掌貼麵帶推送　(4) 以金屬夾子夾送麵帶。　3

( ) 14. 若攪拌缸之容積為 60 公升，用來攪拌中式麵食的油酥，麵糰總重應為多少公斤，較符合經濟效益　(1)30 公斤　(2)45 公斤　(3)60 公斤　(4)75 公斤。　2

( ) 15. 當麵條製作時，麵帶的壓延比太大將會導至壓延（麵）機空轉或速度變慢，此時對壓延（麵）機哪一部份傷害最大？　(1) 滾輪　(2) 傳動齒輪　(3) 馬達　(4) 傳動離合器。　4

( ) 16. 當使用 60 公升容量的攪拌缸，攪拌蒸蛋糕的麵糊時，其麵糊總重應為多少公斤較適當　(1)18 公斤　(2)24 公斤　(3)30 公斤　(4)45 公斤。　1

( ) 17. 自動包餡機不適合製作下列何種產品？　(1) 叉燒包　(2) 菜肉包　(3) 發糕　(4) 鳳梨酥。　3

( ) 18. 製作蔥油餅最不適用的拌打器是　(1) 鋼絲拌打器　(2) 槳狀拌打器　(3) 鉤狀拌打器　(4) 螺旋拌打器。　1

( ) 19. 使用包餡機製作菜肉包，收口不良時，最不適當的調整方式是　(1) 調整承接板的高度　(2) 增加蔬菜量　(3) 調整麵糰的軟硬度　(4) 試用其他包著盤。　2

( ) 20. 發酵箱之選用應注意　(1) 溫濕度之循環系統　(2) 酵母之品質　(3) 水的使用量　(4) 產品的糖量。　1

( ) 21. 製作叉燒包，下列何種機械無法利用？　(1) 包餡機　(2) 攪拌機　(3) 分割機　(4) 乾燥機。　4

( ) 22. 麵食工廠鍋爐使用期間，應多久實施自動檢查一次？　(1) 每週一次　(2) 每月一次　(3) 每季一次　(4) 每年一次。　2

( ) 23. 為了改善產品的品質，下列何種麵食要使用壓延（麵）機？　(1) 油條　(2) 刈包　(3) 淋餅　(4) 餡餅。　2

( ) 24. 製作蛋黃酥、咖哩餃的油酥，最不適合的拌打器是　(1) 鋼絲拌打器　(2) 槳狀拌打器　(3) 鉤狀拌打器　(4) 螺旋拌打器。　1

( ) 25. 製作饅頭時，不必使用下列何種設備？　(1) 攪拌機　(2) 壓延（麵）機　(3) 發酵箱　(4) 切麵條機。　4

( ) 26. 工業上量產包子、饅頭時,較不理想的熟製設備是 (1)大型竹蒸籠 (2)蒸烤箱 (3)蒸汽式蒸箱(爐) (4)瓦斯式蒸箱(爐)。 **2**

( ) 27. 工業上量產水餃時,最適當而理想的成型設備是 (1)自動成型包餡機 (2)壓延(麵)機 (3)自動分割滾圓機 (4)雙面壓延(麵)機。 **1**

( ) 28. 在連續式製作麵條過程中,控制壓延(麵)機常有一定的比率,即滾輪間隙的比值,稱之為壓延比,而較適當的壓延比應設定為 (1)6:1 (2)4:1 (3)2:1 (4)1:1。 **3**

( ) 29. 中式麵食使用之發酵設備,主要控制之操作條件為 (1)溫度、濕度 (2)溫度、高度 (3)濕度、氣流 (4)溫度、壓力。 **1**

( ) 30. 攪拌蒸蛋糕的麵糊,最適當之拌打器是 (1)槳狀拌打器 (2)鉤狀拌打器 (3)鋼絲拌打器 (4)螺旋狀拌打器。 **3**

( ) 31. 為防止麵帶沾黏壓延(麵)機滾輪,壓製時麵帶表面應 (1)刷油 (2)撒粉 (3)擦水 (4)先捶打。 **2**

( ) 32. 下列何組產品製作時無法使用壓延(麵)機壓延以提高品質 (1)饅頭、水餃皮 (2)千層糕、花捲 (3)麵條、貓耳朵 (4)馬拉糕、油條。 **4**

( ) 33. 使用包餡機製作菜肉包,機械之潤滑應使用 (1)酥油 (2)柴油 (3)機油 (4)齒輪油。 **1**

( ) 34. 使用攪拌機攪拌麵糰,於麵粉中加水時,攪拌機速度應設為 (1)低速 (2)中速 (3)高速 (4)超高速。 **1**

( ) 35. 使用壓延(麵)機之前,應先了解下列何項以維護安全? (1)馬力大小 (2)滾輪直徑 (3)滾輪轉速 (4)安全裝置。 **4**

( ) 36. 連續麵帶壓延(麵)機的滾輪排列,其滾輪直徑應 (1)由大到小 (2)由小到大 (3)大小一樣 (4)大小相間。 **1**

( ) 37. 製作麵條所用之各號切麵刀,其所切麵條 (1)8號比4號細 (2)4號比8號細 (3)8號比4號厚 (4)4號比8號厚。 **1**

( ) 38. 多槽式煮麵機與單槽式煮麵機兩者使用之差異,何者為非? (1)多槽式較單槽式易於溫度控制 (2)多槽式較單槽式利於連續式操作 (3)單槽式較多槽式易於控制麵條一致之熟度 (4)多槽式較單槽式具較少之佔地面積。 **3**

( ) 39. 麵條乾燥設備，無須控制　(1) 溫度　(2) 濕度　(3) 光照度　(4) 時間。 ……… 3

( ) 40. 使用三相馬達的麵條壓延（麵）機壓延麵帶，發生反向轉動情況時，如 ……… 2
何導正其轉動之方向？　(1) 關閉電源，重新開機　(2) 互換開關端之任
二條電源線位置　(3) 接上地線　(4) 增加電壓。

( ) 41. 使用立式攪拌機攪拌麵條麵糰時，下列何者為非？　(1) 控制加水速度 ……… 2
有助麵筋水合情形　(2) 快速倒入所需加水量，防止水分喪失　(3) 攪拌
速度快有助水分分布均勻　(4) 攪拌麵糰越小均勻度越好。

( ) 42. 使用壓延（麵）機製作麵帶，麵帶厚度主要受何影響？　(1) 滾輪間距 ……… 1
(2) 滾輪轉速　(3) 滾輪直徑　(4) 滾輪長度。

( ) 43. 使用包餡機製作肉包時，其重量大小主要由何者控制？　(1) 承接輸送 ……… 4
帶速度　(2) 承接盤高度　(3) 皮餡裝填量　(4) 包著盤兩次包夾時間。

( ) 44. 工業化生產月餅，月餅成型後脫模之動力方式為　(1) 水壓　(2) 油壓 ……… 3
(3) 氣壓　(4) 螺旋擠壓。

( ) 45. 為減少人力成本，使用自動化生產廣式月餅的設備依序為　(1) 包餡機、 ……… 1
印模機、排盤機、烤爐　(2) 包餡機、排盤機、烤爐、印模機　(3) 包餡
機、排盤機、印模機、烤爐　(4) 包餡機、烤爐、印模機、排盤機。

( ) 46. 製作饅頭時，有助產品氣室均一細緻之設備為　(1) 攪拌機　(2) 壓延 ……… 2
（麵）機　(3) 分割機　(4) 發酵箱。

( ) 47. 使用蒸汽二重鍋熟製麵條時，開啟蒸汽管線若發生震動噪音主要是因 ……… 1
(1) 蒸氣管中含有凝結水　(2) 二重鍋中盛裝原料過少　(3) 二重鍋中盛
裝原料過多　(4) 二重鍋溫度過高。

( ) 48. 烤箱的熱能傳送是利用　(1) 傳導　(2) 對流　(3) 輻射　(4) 對流與輻射。 ……… 4

( ) 49. 使用油水分離式油炸機油炸巧果，其介質為　(1) 油　(2) 水　(3) 空氣 ……… 1
(4) 油與水。

( ) 50. 蒸蛋糕所使用之竹蒸籠，清洗後應保持乾燥以防止　(1) 病毒生長　(2) ……… 2
黴菌生長　(3) 顏色變淺　(4) 風味變淡。

( ) 51. 麵粉使用前常以不銹鋼篩網過篩，以改善麵粉結塊現象並濾除雜質，適 ……… 2
合之篩目大小為　(1)10 篩目 (2mm)　(2)30 篩目 (0.59mm)　(3)80 篩目
(0.177mm)　(4)200 篩目 (0.074mm)。

( ) 52. 下列何種攪拌機可用於製作麵條、餃皮等麵食？ (1) 真空攪拌機 (2) 臥式攪拌機 (3) 直立式攪拌機 (4) 細切機。 123

( ) 53. 麵條、餃皮等麵食量產時，其攪拌的目地是 (1) 原料混合均勻 (2) 使麵粉水合 (3) 使麵筋充分擴展形成麵糰 (4) 利於後續壓麵機的操作。 124

( ) 54. 中式麵食考場設置的直立式攪拌機其設備規格可為 (1)1Hp 馬達 (2)3/4Hp 馬達 (3)18~22 公升攪拌缸 (4)10~2 公升攪拌缸。 1234

( ) 55. 中式麵食考場設置之直立式攪拌機其攪拌軸是以行星式迴轉，主要作用是 (1) 帶動拌打器 (2) 在攪拌缸內均勻運轉 (3) 延長攪拌時間防止出筋 (4) 增加攪拌機的壽命。 12

( ) 56. 以中式麵食考場設置之直立式攪拌機製作硬式饅頭麵糰，下列何種拌打速度不可使用 (1) 高速 (2) 中速 (3) 慢速 (4) 快速。 124

( ) 57. 饅頭用壓麵機的主要作用是 (1) 將不規則或組織不均勻的麵糰壓光滑 (2) 使饅頭組織光滑 (3) 使饅頭表皮光滑不易縮皺 (4) 饅頭色澤較白。 14

( ) 58. 麵條用壓延（麵）機的主要目地是 (1) 使麵帶進一步展延 (2) 使水分分佈更均勻 (3) 使麵筋的形成更均勻 (4) 切條方便。 1234

( ) 59. 大型連續式麵條壓延（麵）機，其滾輪轉速可使用 (1)10-18RPM 用於麵帶複合 (2)35-50RPM 用於麵帶壓延 (3)90-120RPM 用於麵帶複合 (4)120-150RPM 用於麵帶壓延。 12

( ) 60. 油麵、涼麵與烏龍麵用煮麵（機）的主要目的為 (1) 使麵條糊化 (2) 使麵條熟化 (3) 提高酸鹼值 (4) 降低水活性。 12

( ) 61. 發酵麵食的基本發酵箱的條件為 (1) 溫度 25~28℃ (2) 溫度 35~38℃ (3) 濕度 75~80% (4) 濕度 80~85%。 13

( ) 62. 饅頭使用最後發酵箱的目地為 (1) 重新產生氣體 (2) 增大產品的體積 (3) 使內部組織鬆軟 (4) 產生乾燥的表皮。 123

( ) 63. 發酵麵食使用蒸箱較蒸籠具有何項優點？ (1) 提高工作效率 (2) 可大量連續生產 (3) 產品風味較佳 (4) 可節省燃料。 124

( ) 64. 燒餅用的缸爐燃料大都使用 (1) 瓦斯 (2) 木炭 (3) 焦炭 (4) 柴油。 123

( ) 65. 蛋黃酥使用大型電熱式烤（爐）箱的優點是 (1) 溫度散佈均勻 (2) 控溫穩定 (3) 可調節溫度 (4) 可調節烘烤時間。 1234

( ) 66. 酥皮類麵食使用烤（爐）箱需注意 (1) 使用前要用水刷洗爐的內部 (2) 使用後要用乾布擦拭外表 (3) 使用後要先關電源並打開爐門 (4) 使用加熱快速的石英管，可不必預先加熱。　23

( ) 67. 炸油條用的油炸機其燃料可使用 (1) 瓦斯 (2) 木炭 (3) 焦炭 (4) 電熱。　14

( ) 68. 油炸沙琪瑪用的油炸機其安全守則是 (1) 炸油量不低於九分滿 (2) 不可用投或丟的方式入鍋 (3) 不可碰到水以防油爆 (4) 使用後即可過濾除渣。　23

( ) 69. 中式麵食考場設置之箱型電烤（爐）箱的優點是 (1) 佔地空間小 (2) 操作容易 (3) 可自行調節溫度 (4) 縮短烤焙時間。　123

( ) 70. 中式麵食加工機具需 (1) 定時消毒 (2) 天天消毒 (3) 生熟器具分開使用 (4) 使用後要洗刷乾淨。　1234

( ) 71. 發酵麵食使用蒸箱的熱源為 (1) 鍋爐產生的蒸汽 (2) 瓦斯產生的蒸汽 (3) 電熱管產生的蒸汽 (4) 燃燒木材產生的蒸汽。　123

( ) 72. 鍋貼煎製用之平底鍋（平底煎盤）的材質為 (1) 生鐵鑄造 (2) 合金鑄造 (3) 鋁合金鑄造 (4) 鐵皮打造。　12

( ) 73. 下列不是蔥油餅煎製用平底鍋（平底煎盤）的保養方法？ (1) 使用後趁熱刷洗乾淨 (2) 冷卻後擦乾淨 (3) 冷卻後擦洗乾淨後再烘乾 (4) 冷卻擦乾淨後抹油。　124

( ) 74. 麵條壓延時加壓接觸的面積與下列何者有關？ (1) 滾輪的直徑 (2) 滾輪的寬幅 (3) 間隙的大小 (4) 壓延比。　12

( ) 75. 麵條乾燥機攸關麵條品質的優劣，乾燥時應力求 (1) 加快麵條的水分表面蒸發速度 (2) 內部擴散速度的平衡 (3) 以攝氏 100 度高溫乾燥 (4) 溫溼度控制。　24

( ) 76. 麵條或饅頭用的壓延（麵）機需用下列何種器具來調整滾輪的間隙？ (1) 厚度計 (2) 厚薄規 (3) 不鏽鋼尺 (4) 竹筷。　12

工作項目 04：製作技術

( )1. 油條油炸前，以細的條狀物在兩重疊的小麵帶上重壓一下，是為了　(1) 好看　(2) 確保膨脹體積　(3) 使入鍋時較快浮起　(4) 使油炸時顏色較均勻。　　2

( )2. 油麵配方中每袋麵粉使用 300 公克的鹼粉，若改用 15% 濃度的鹼水時，需用多少毫升？　(1)1,000 毫升　(2)2,000 毫升　(3)3,000 毫升　(4)5,000 毫升。　　2

( )3. 製作麵龜時，何項與使用中筋麵粉製作之縮皺無關？　(1) 麵糰溫度未能有效控制　(2) 筋度與發酵時間之關係未適當調整　(3) 蒸箱（鍋）蒸汽（火力）未做調整　(4) 整型之樣式不妥。　　4

( )4. 用麵粉 30 公斤製作生鮮麵條時，若配方中水分增加 2%，則麵條可增加多少？　(1)0.6 台斤　(2)1 台斤　(3)1.2 台斤　(4)2 台斤。　　2

( )5. 製作油麵時，若使用濃度 15% 的鹼水 1500 毫升，則應自配方中扣除多少水量？　(1)150 毫升　(2)225 毫升　(3)850 毫升　(4)1275 毫升。　　4

( )6. 測定煮麵損失最明確的方法是檢測煮麵水中的　(1) 礦物質含量　(2) 微生物含量　(3) 固形物含量　(4) 粗纖維含量。　　3

( )7. 油條在下油鍋之初期，若浮起太慢，將會使油條的表皮　(1) 較厚　(2) 較薄　(3) 較脆　(4) 較黑。　　1

( )8. 顏色相同的兩條油條，其中一條明顯回軟，係因油炸時　(1) 高溫長時間　(2) 高溫短時間　(3) 低溫長時間　(4) 與油炸溫度無關。　　2

( )9. 油條製作時為求有較佳的熱穿透性和良好的膨脹體積，同時也利於配方中氨氣之完全排除，配方中使用水量應　(1) 高於 80%　(2) 低於 50%　(3) 維持在 60~70%　(4) 不得超過 40%。　　3

( )10. 油麵經冷藏後，其延展性會隨冷藏時間的增加而　(1) 增強　(2) 維持剛熟製成時的性質　(3) 減弱　(4) 穩定後保持不再變化。　　3

( )11. 下列何者不是菜肉包皺縮的主要原因？　(1) 配方中無奶粉　(2) 發酵過度　(3) 熟製（蒸）時間太長　(4) 熟製（蒸）時間太短。　　1

( )12. 夏天氣溫高，攪拌發酵麵食的麵糰可使用　(1) 溫水　(2) 冰水　(3) 沸水　(4) 熱水。　　2

( ) 13. 叉燒包製作時若將麵糰攪拌過度，則會導致 (1) 麵糰溫度太低 (2) 成   3
品裂紋佳 (3) 成品外型不佳 (4) 成品組織鬆發。

( ) 14. 使用老麵製作叉燒包，下列何者與製作技術無直接相關？ (1) 攪拌條   4
件 (2)pH 控制 (3) 蒸汽大小 (4) 蒸箱大小。

( ) 15. 製作廣式月餅，下列何者對保存性沒有影響？ (1) 餡的糖度 (2) 防腐   3
劑的添加 (3) 香料的使用 (4) 餡的種類。

( ) 16. 蒸魚翅餃應使用何種火力較佳？ (1)大火 (2)中火 (3)小 (4)微火。   1

( ) 17. 攪拌燒賣餡，下列何者較不重要？ (1) 攪拌後餡的溫度 (2) 原料肉溫   4
度 (3) 蔬菜添加時機 (4) 餡量的多寡。

( ) 18. 攪拌燒賣餡，下列何種原料宜最後加入？ (1) 絞肉 (2) 鹽 (3) 胡椒   4
粉 (4) 蔬菜。

( ) 19. 製作餡餅為使內餡多汁，下列何種方式較不適當？ (1) 增加蔬菜量   4
(2) 增加膠凍量 (3) 增加水量 (4) 增加澱粉。

( ) 20. 下列何種產品目前尚未用自動化機器生產？ (1) 蔥油餅 (2) 兩相好   2
(3) 燒賣 (4) 壽桃。

( ) 21. 製作麵條時攪拌後麵糰較理想溫度應為 (1)10~15℃ (2)25~30℃   2
(3)35~40℃ (4)40~45℃。

( ) 22. 製作麵條鬆弛（熟成）時，哪些操作條件需要注意？ (1) 溫度 (2) 濕   4
度 (3) 時間 (4) 溫、濕度與時間均要注意。

( ) 23. 下列何者最能準確判斷麵條已經完全煮熟？ (1) 麵條是否浮起 (2) 麵   4
條膨脹情形 (3) 麵條外觀顏色的變化 (4) 中心有無殘留不透明物質。

( ) 24. 下列何者不可能是乾麵條乾燥時容易掉落地上之原因？ (1) 乾燥速率   2
太快 (2) 麵筋性太強 (3) 溫度控制不當 (4) 濕度控制不當。

( ) 25. 製作全麥麵條時不必考慮下列何項因素？ (1) 全麥麵粉的筋度 (2) 全   4
麥麵粉的新鮮度 (3) 全麥麵粉的顆粒細度與吸水量 (4) 全麥麵粉的顏
色是否潔白。

( ) 26. 生產油麵與涼麵時，下列敘述何者不正確？ (1) 二者均需包裝冷藏   2
(2) 二者均為完全煮熟麵 (3) 二者可使用相同的刀碼 (4) 二者均有使
用鹼水。

( ) 27. 下列何者對於麵條的韌性咬感無改善效果？ (1) 添加活性麵筋 (2) 熟成技術的運用 (3) 添加適量鹹水 (4) 添加維他命 B2。 | 4

( ) 28. 下列何者較不影響壓麵後麵條的品質？ (1) 滾輪的大小與間隙 (2) 壓麵的次數 (3) 壓麵的速度 (4) 壓麵的數量。 | 4

( ) 29. 煮麵條時容易糊爛，最不可能之原因為 (1) 麵粉破損澱粉含量多 (2) 麵粉液化酵素含量多 (3) 麵粉筋性太差 (4) 麵粉油脂含量高。 | 4

( ) 30. 製作麵條時，下列敘述何者不正確？ (1) 水量加多對麵筋之形成有影響 (2) 水量加多可能影響壓麵與切條 (3) 水量加多對麵條品質無幫助 (4) 利用熟成技術與設備硬體的調整，可改善水加多的操作困難性。 | 3

( ) 31. 製作餡餅包餡時要有良好的操作性，其內餡之溫度要 (1) 高 (2) 與麵皮同溫 (3) 微溫 (4) 冷藏或輕微冷凍。 | 4

( ) 32. 油條於油炸時，最理想的油炸溫度是 (1)120~140℃ (2)150~170℃ (3)190~220℃ (4)250~270℃。 | 3

( ) 33. 兩相好於油炸時，最理想的油炸溫度是 (1)120~140℃ (2)150~170℃ (3)190~210℃ (4)220~250℃。 | 2

( ) 34. 活性脫脂大豆粉常使用於何種麵食之製作？ (1) 水晶餃 (2) 發麵燒餅 (3) 馬拉糕 (4) 菜肉包。 | 4

( ) 35. 糕（漿）皮類麵食之油脂比率較高，則產品的品質會較 (1) 酥脆 (2) 柔軟 (3) 酥硬 (4) 酥鬆。 | 4

( ) 36. 麵糰製作時，最需要控制水溫的麵食是 (1) 生鮮麵條 (2) 油麵 (3) 淋餅 (4) 水晶餃。 | 4

( ) 37. 下列何種麵食的熟製時間最短？ (1) 鍋貼 (2) 饅頭 (3) 荷葉餅 (4) 廣式月餅。 | 3

( ) 38. 下列何種麵食麵糰的加水量最高？ (1) 生鮮麵條 (2) 饅頭 (3) 雞仔餅 (4) 蔥油餅。 | 4

( ) 39. 下列何種麵食產品的韌性最強？ (1) 蒸餃 (2) 淋餅 (3) 麵龜 (4) 刀削麵。 | 4

( ) 40. 饅頭壓延的最主要目的是 (1) 改善產品的內部組織與結構 (2) 增加產品的數量 (3) 可縮短一半的發酵時間 (4) 會使產品的吸水性增加。 | 1

( ) 41. 芝麻喜餅餡中的肥肉粒，一般需先經過何種處理？ (1) 鹽漬 (2) 糖漬 (3) 醋漬 (4) 醬油漬。　2

( ) 42. 下列何者為馬拉糕的製作流程？ (1) 原料攪拌均勻→成型→鬆弛→蒸熟 (2) 原料攪拌均勻→成型→蒸熟 (3) 原料攪拌均勻→成型→鬆弛→攪拌→蒸熟 (4) 原料攪拌均勻→成型→鬆弛→蒸熟→鬆弛。　1

( ) 43. 下列何者為春捲皮的製作流程？ (1) 原料攪拌至麵筋擴展階段→壓延成型→加熱熟製→成品 (2) 原料攪拌至麵筋擴展階段→鬆弛→壓延成型→加熱熟製→成品 (3) 原料麵糊攪拌均勻→加熱熟製→成品 (4) 原料麵糊攪拌均勻→鬆弛→加熱熟製→成品。　4

( ) 44. 春捲皮熟製的熱源一般採用 (1) 瓦斯、電熱 (2) 瓦斯、柴油 (3) 瓦斯、蒸汽 (4) 柴油、蒸汽。　1

( ) 45. 春捲皮以單鼓鼓型乾燥機熟製，麵糊應如何分佈均勻？ (1) 由上方以噴嘴均勻噴上 (2) 由下方均勻淋下 (3) 由下方以滾軸沾取均勻抹上 (4) 由下方以噴嘴均勻噴上。　3

( ) 46. 下列何者為油條的製作流程？ (1) 原料攪拌成麵糰→鬆弛→整型→油炸 (2) 原料攪拌成麵糰→整型→鬆弛→油炸 (3) 原料攪拌成麵糊→鬆弛→整型→油炸 (4) 原料攪拌成麵糊→整型→鬆弛→油炸。　1

( ) 47. 下列何者為蔥油餅最正確之製作流程？ (1) 燙麵糰製作→鬆弛→整型→擀開→煎熟 (2) 燙麵糰製作→整型→鬆弛→擀開→鬆弛→煎熟 (3) 燙麵糰製作→鬆弛→整型→鬆弛→擀開→煎熟 (4) 冷水麵糰製作→鬆弛→整型→擀開→煎熟。　3

( ) 48. 下列何者為機製饅頭之正確製作流程？ (1) 主麵糰攪拌→發酵→中種麵糰攪拌→壓延→整型→發酵→蒸熟 (2) 主麵糰攪拌→中種麵糰攪拌→壓延→整型→發酵→蒸熟 (3) 中種麵糰攪拌→主麵糰攪拌→壓延→整型→發酵→蒸熟 (4) 中種麵糰攪拌→發酵→主麵糰攪拌→壓延→整型→發酵→蒸熟。　4

( ) 49. 工業化生產餛飩皮時，原料攪拌至何種程度即可壓延？ (1) 粉狀 (2) 均勻顆粒狀 (3) 成麵糰 (4) 條狀。　2

( ) 50. 花捲整型時，需哪些原料來形成層次與風味？ (1) 食用油、蔥、鹽 (2) 醬油、蔥、鹽 (3) 沙拉油、麻油、豬油 (4) 食用油、醬油、鹽。　1

( ) 51. 以包餡機製作豆沙包，生產速率為 30 個／分，若包餡後包子重 45 公克／個，皮餡比例為 2：1，則一小時生產所需之豆沙總量為　(1)27 公斤　(2)37 公斤　(3)40 公斤　(4)45 公斤。　　1

( ) 52. 以水餃機生產水餃，生產速率為 100 個／分，若包餡後水餃重 14 公克／個，生產一小時共用餃皮麵糰 36 公斤，餡 48 公斤，則餃皮與餡之比例為　(1)1：1　(2)4：3　(3)3：4　(4)3：1。　　3

( ) 53. 蘿蔔絲酥餅以下列何種方式製作，可使餅皮更酥鬆？　(1) 加塔塔粉　(2) 延長鬆弛時間　(3) 縮短鬆弛時間　(4) 增加油酥之比例。　　4

( ) 54. 蛋黃酥之油皮、油酥，以何種比例餅皮最酥？　(1)4：1　(2)3：1　(3)2：1　(4)1：1。　　4

( ) 55. 酥（油）皮麵食，油皮部分含糖量最低的是下列哪一種產品？　(1) 咖哩餃　(2) 綠豆凸　(3) 老婆餅　(4) 蛋黃酥。　　2

( ) 56. 芝麻喜餅整型後為避免佔有太多空間，一般如何重疊處理？　(1) 撒麵粉　(2) 沾芝麻　(3) 摸油　(4) 墊紙。　　2

( ) 57. 椰蓉（香妃）酥中，油酥的攪拌應攪拌至　(1) 捲起階段　(2) 麵筋擴展階段　(3) 完成階段　(4) 拌合均勻。　　4

( ) 58. 製作廣式月餅，餅皮攪拌之拌打器宜選用　(1) 球 (網絲) 狀　(2) 槳狀　(3) 鉤狀　(4) 螺旋狀。　　2

( ) 59. 月餅餡用的鹹蛋黃，為去除蛋腥味，可噴　(1) 油　(2) 酒　(3) 水　(4) 醋。　　2

( ) 60. 綠豆凸油皮砂糖用量一般為　(1)1~5%　(2)10~15%　(3)20~52%　(4)30~35%。　　1

( ) 61. 製作麵條與饅頭之攪拌作用，何者為主要功能？　(1) 幫助麵條麵糰麵筋擴展　(2) 幫助麵條麵糰水分擴散　(3) 幫助饅頭麵糰麵筋鬆弛　(4) 幫助麵條麵糰中麵筋鬆弛。　　2

( ) 62. 饅頭製作時若麵糰溫度太高將會　(1) 發酵愈快產品組織細緻　(2) 發酵愈慢產品組織粗糙　(3) 壓麵時麵糰已有發酵傾向而干擾壓麵操作，致使產品組織不理想　(4) 易於獲得光滑細緻的產品。　　3

( ) 63. 麵條的熟成作用，其目的不包括　(1) 鬆弛　(2) 水分均勻擴散　(3) 防止麵筋破壞　(4) 蛋白質變性。　　4

( ) 64. 製作油條於最後整型時，若麵帶抗延展性仍太大而不易拉伸是因為 (1) 麵糰已鬆弛過度 (2) 麵糰含水量太多 (3) 麵糰攪拌過度 (4) 麵糰鬆弛仍不足。   4

( ) 65. 生產小籠包為使產品熟製後內含湯汁，不可於內餡中加入 (1) 沙拉油 (2) 蛋 (3) 皮凍 (4) 水。   2

( ) 66. 為製得較薄而均勻的機製餛飩皮，配方中較為理想的加水量應為 (1)20%~25% (2)30%~40% (3)50%~60% (4)60%~70%。   2

( ) 67. 若要獲得表面較光亮之饅頭，下列哪一措施較有助益？ (1) 將麵糰攪拌至麵筋完全擴展 (2) 配方中多加水 (3) 配方中多加糖 (4) 應有適度的加水量及適當的壓麵。   4

( ) 68. 製作饅頭有直接法與中種法，各有其優點和缺點，下列哪一項不是中種法的優點？ (1) 省人力、省設備 (2) 味道較好 (3) 體積較大 (4) 產品較柔軟。   1

( ) 69. 發酵麵食製作時，為使發酵速度與麵糰鬆弛獲得理想之搭配，較有效的控制方法為 (1) 調控麵糰溫度 (2) 調整發酵室溫度 (3) 調整發酵室濕度 (4) 調整室內溫度。   1

( ) 70. 饅頭放置一段時間後會變硬是因為 (1) 蛋白質老化 (2) 澱粉老化 (3) 油脂老化 (4) 酵母失去活性。   2

( ) 71. 製作廣式月餅所用的轉化糖漿其糖度宜控制在 (1)56~60Brix (2)70~74Brix (3)78~82Brix (4)84~88Brix。   3

( ) 72. 麵糰攪拌後鬆弛的目的，是麵糰中何種成分的熟成作用？ (1) 蛋白質 (2) 澱粉 (3) 油脂 (4) 酵素。   1

( ) 73. 製作油條在最後整型時，為確保上下重疊的二條麵帶可適度黏著且不影響油炸時之膨脹，下列哪一措施較為恰當？ (1) 於麵帶表面刷水再撒粉 (2) 於麵帶表面均勻而完整的刷水 (3) 於麵帶表面撒粉再噴水 (4) 於整型切條後以塑膠袋覆蓋，保持表面不結皮。   4

( ) 74. 製作桃酥以何種熟製方法最理想？ (1) 蒸煮 (2) 油炸 (3) 烘烤 (4) 油煎。   3

( ) 75. 機製水餃皮為準確符合皮餡比之皮重，以下列何種作法較理想？ (1) 以厚薄規量測輥輪間距即可達成 (2) 每壓製一張水餃皮都以厚度計量測後隨即調整輥輪間距予以修正 (3) 以一小片麵帶壓製並測試穩定後再全數壓製 (4) 以約略厚度壓出再由餡重調整水餃重即可。   3

( ) 76. 傳統製作紅麵龜，為使蒸熟後表面較具光澤，其紅色素可於　(1) 包餡前刷塗烘乾　(2) 發酵前刷塗烘乾　(3) 蒸熟前刷塗　(4) 蒸熟後刷塗烘乾。　　2

( ) 77. 煎製蔥油餅的理想火力應為　(1) 烈火瞬間爆香　(2) 大火短時間加熱　(3) 中小火雙面均勻加熱　(4) 煎板燒熱即熄火以餘溫悶熟。　　3

( ) 78. 工業化生產水餃包子餡，何項原料不利其結著性？　(1) 砂糖　(2) 醬油　(3) 食鹽　(4) 澱粉。　　1

( ) 79. 製作發糕時，為獲得自然而足夠之裂口較理想的蒸炊方法為　(1) 以小火蒸炊　(2) 以大火蒸炊　(3) 以長時間蒸炊　(4) 蒸炊前以剪刀在表面製造裂口。　　2

( ) 80. 糕漿類點心酥鬆感的主要原因是　(1) 油皮油酥包捲的層次　(2) 含有化學膨大劑　(3) 蛋多、水多　(4) 高糖、高油脂的配方。　　4

( ) 81. 麵條之製作過程，若輥輪之間距調整未達平行，使左右二端之間距有差異時，所壓出之麵帶將會　(1) 具有漂亮花樣和更理想品質　(2) 向較薄的一端偏行　(3) 向較厚的一端偏行　(4) 左右輪流偏行。　　2

( ) 82. 調製冷水麵的水溫不宜高於幾度　(1)10~20 ℃　(2)20~30 ℃　(3)50~60℃　(4)70~80℃。　　3

( ) 83. 製作菜肉包時，蒸炊之控制應　(1) 精確計時不論火力　(2) 嚴控火力不論時間　(3) 火力之大小及蒸炊時間皆適當控制　(4) 火力愈大時間愈長愈好。　　3

( ) 84. 豆沙包內餡加糖熬煮，除增加風味外主要的目地是　(1) 降低豆的顆粒大小　(2) 降低水活性　(3) 降低甜度　(4) 容易攪拌均勻。　　2

( ) 85. 機製麵條切條前之輥輪間距若固定則　(1) 較硬的麵帶會切出較薄的麵條　(2) 較軟的麵帶會切出較厚的麵條　(3) 不論麵帶軟硬，只要輥輪間距相同，就可切出相同厚度的麵條　(4) 較硬的麵帶會切出較厚的麵條。　　4

( ) 86. 為能製作 2,000 個 65g 菜肉包，麵糰與內餡比為 8 比 5，所需麵糰總重量為　(1)50kg　(2)55kg　(3)80kg　(4)130kg。　　3

( ) 87. 為確保酥油皮捲之操作及品質，油皮與油酥之軟硬度應　(1) 油皮愈硬油酥就要愈軟　(2) 油皮要軟油酥要硬　(3) 油皮要硬油酥要軟　(4) 皮與酥之軟硬度力求一致。　　4

( ) 88. 下列哪一動作最易導致咖哩餃裂口露餡？ (1) 包餡完成後於表皮插洞 (2) 包餡時酥油皮直徑不足，每一摺紋皆需拉扯 (3) 表面刷蛋水 (4) 增加咖哩粉用量。 **2**

( ) 89. 煮麵時麵條與水的重量比以何者較為理想 (1)1：1 (2)1：3 (3)1：5 (4)1：10。 **4**

( ) 90. 叉燒包成品若表皮出現黃褐色斑點，是來自於下列哪一個材料未完全溶解？ (1) 鹽 (2) 糖 (3) 泡打粉 (4) 酵母。 **3**

( ) 91. 使用煎或烙熟製的水調麵食，以何種麵糰製作才能達到熟製後良好的柔韌性 (1) 燙麵 (2) 冷水麵 (3) 溫水麵 (4) 老麵。 **1**

( ) 92. 製作油麵時，黃色 4 號色素最理想的加入方式為 (1) 先溶於少量水中，再於攪拌終了前加入拌勻 (2) 直接與麵粉混合後再加水攪拌 (3) 攪拌中途再均勻灑在麵塊上 (4) 與鹽等材料完全溶於配方水中，再加入麵粉中攪拌。 **4**

( ) 93. 製作蛋塔時為使烤出的餡細緻而有光澤，在餡調製完成時應 (1) 多次重覆過濾 (2) 不停激烈攪拌使徹底均勻 (3) 靜置之後以軟性紙將表面泡沫除去 (4) 過濾後立即快速充填。 **3**

( ) 94. 為使酥油皮產品的表皮層次分明而細緻，下列何者較具正面效益？ (1) 油皮攪拌均勻即可立即包酥 (2) 油皮攪拌至筋性最強時立即包酥 (3) 油皮須攪拌至光滑且經充分鬆弛後再包酥 (4) 油皮須攪拌至麵糰出油才能包酥。 **3**

( ) 95. 下列哪一措施是正確的防止太陽餅烤焙時爆餡的方法？ (1) 在餡的配方中大量增加麵粉用量 (2) 改變皮餡比將皮的比例提高 (3) 用低溫烘烤使表皮硬化 (4) 整型後配合充足的鬆弛。 **4**

( ) 96. 蒸製四喜燒賣時，下列何者較不會使底部沾黏破裂？ (1) 整型好立即放在濕蒸布待蒸 (2) 整型好待蒸炊前再擺放於濕蒸布上 (3) 整型好底部沾粉立即放在濕蒸布待蒸 (4) 整型好底部沾水立即放在濕蒸布待蒸。 **2**

( ) 97. 以平底鐵鍋熟製鍋貼時，下列何者較不易沾黏而破皮？ (1) 先熱鍋再加油後擺放鍋貼 (2) 先加油擺好鍋貼再熱鍋 (3) 於熱鍋擺好鍋貼再加油 (4) 先倒粉漿水於熱鍋並擺放鍋貼後再加油。 **1**

( ) 98. 熟製荷葉餅應 (1) 於平底鍋多放油才能煎香 (2) 用中火以上短時間烙才能獲得柔軟產品 (3) 以小火長時間煎較易使二片分開 (4) 以大火煎至二片自行分開。　　2

( ) 99. 為了確保燒賣的式樣，其餡料調製應 (1) 稍加拌勻即可 (2) 增加水量以利拌勻 (3) 使用麵粉以防鬆散 (4) 絞肉先與配方中鹹味料攪拌，使肉中的鹽溶性蛋白質溶出以增加餡的結著性。　　4

( ) 100. 下列哪一乾燥條件最易導致乾麵條彎曲變形？ (1) 高溫低濕 (2) 低溫低濕 (3) 低溫高濕 (4) 中溫高濕。　　1

( ) 101. 泡（樁）餅皮的油皮與油酥比一般用 (1)1：1 (2)2：1 (3)4：1 (4)5：4。　　2

( ) 102. 油皮蛋塔之製作，為使塔皮易於整型，通常可在捲完成後 (1) 立即整型 (2) 加熱後再整型 (3) 冷藏鬆弛後再整型 (4) 室溫下隔夜再整型。　　3

( ) 103. 白豆沙月餅經整型成扁圓形後，需在中心壓一凹痕，烤焙時則應 (1) 待壓凹處再漲平才能烤 (2) 壓凹面向上先烤 (3) 壓凹面朝下先烤 (4) 鬆弛後將凹痕整平再烤。　　3

( ) 104. 以機器製作水餃皮，製作配方為：麵粉 100%，水 34%，鹽 1%；若殘麵率為 40%，要製作每張 8 公克的水餃皮 60 張，應使用多少麵粉 (1)259 公克 (2)593 公克 (3)889 公克 (4)1620 公克。　　2

( ) 105. 製作包子皮的配方中，若以烘焙百分比計算，其材料總計為 160%；而水在配方中的實際百分比為 31.25%，則水在此一配方中的烘焙百分比應為 (1)31.25% (2)50.0% (3)51.2% (4)53.0%。　　2

( ) 106. 燙麵糰的製作應 (1) 沸水與冷水先混合均勻再加入麵粉中攪拌 (2) 先加冷水立即再加沸水再攪拌 (3) 所有材料先以冷水混勻再加入沸水攪拌 (4) 麵粉先以沸水攪成均勻片狀再加入冷水攪拌成糰。　　4

( ) 107. 若以機器攪拌油條麵糰，下列哪一方法可製作理想的麵糰？ (1) 將配方中弱鹼與酸鹽先完全溶解在一起再加入麵粉攪拌 (2) 保留酸鹽於麵糰成形後再分次均勻撒入 (3) 弱鹼與酸鹽先與麵粉拌勻後再加水攪拌 (4) 弱鹼與酸鹽分別以配方中部分水溶解後，先加入一種略攪之後停機再加另一種接續攪拌。　　4

( ) 108. 若咖哩餃餡配方之絞肉用量為 300 公克，而所使用豬絞肉的含水率為 20%，則實際應稱取多少鮮絞肉？ (1)240 公克 (2)320 公克 (3)360 公克 (4)375 公克。　　4

( ) 109. 下列何者對於蟹殼黃的包餡整型較有助益？ (1) 少加水讓麵糰（油皮） 3
硬一點，才容易包餡 (2) 麵糰（油皮）攪拌完成後立即包餡 (3) 麵糰
（油皮）需控溫，使麵筋在還未發酵前已有足夠鬆弛 (4) 讓麵糰（油
皮）發酵愈久愈容易包餡整型。

( ) 110. 以瓦斯為熱源蒸炊發酵麵食時，不論蒸炊數量之多寡，較理想的計時原 2
則為 (1) 蒸箱無須預熱放入產品開始計時 (2) 產品放入完成後待蒸箱
上方排氣孔冒氣才開始計時 (3) 當蒸箱中的產品開始膨大時才計時
(4) 聞到產品香味才可開始計時。

( ) 111. 製作冷水麵食以壓麵機壓延麵帶時，為防麵帶沾黏最理想的防黏粉為 4
(1) 高筋麵粉 (2) 中筋麵粉 (3) 低筋麵粉 (4) 天然澱粉。

( ) 112. 何組麵食最不適合用平板式煎盤熟製？ (1) 厚鍋餅、火燒 (2) 水煎 2
包、鍋貼 (3) 荷葉餅、油餅 (4) 手抓餅、蔥油餅。

( ) 113. 下列何種產品較不會受到糖漿的影響？ (1) 廣式月餅 (2) 薩其馬 (3) 4
糖麻花 (4) 兩相好。

( ) 114. 溫度 25~26℃、相對濕度 70~80% 的環境下較適合何種發麵麵食之操 4
作？ (1) 花捲之最後發酵 (2) 饅頭之熟製 (3) 巧果之鬆弛 (4) 饅頭
用老麵之基本發酵。

( ) 115. 下列何種麵食不可用微波加熱來復熱？ (1) 熟水餃、熟蒸餃 (2) 熟包 3
子、熟花捲 (3) 乾麵條、油麵 (4) 炸醬麵、麻醬麵。

( ) 116. 低溫長時間油炸會造成巧果 (1) 外皮焦黑 (2) 內部柔軟 (3) 酥脆 3
(4) 外脆內軟。

( ) 117. 下列何組麵食於製作時最不需要用到壓麵機？ (1) 饅頭、水餃皮 (2) 3
銀絲捲、荷葉餅 (3) 叉燒包、餡餅皮 (4) 刈包、韭菜盒。

( ) 118. 皮酥比 2：1 最適合製作哪一種燒餅？ (1) 芝麻醬燒餅 (2) 芝麻燒餅 4
(3) 空心燒餅 (4) 香酥燒餅。

( ) 119. 高溫短時間最適合何種麵食熟製？ (1) 薄的油炸類麵食 (2) 薄的煎烙 2
類麵食 (3) 薄的烤烙類麵食 (4) 薄的蒸製類麵食。

( ) 120. 液體油可以使烤熟後的廣式月餅餅皮產生 (1) 鬆性 (2) 酥性 (3) 脆 4
性 (4) 柔軟性。

( ) 121. 攪拌好的麵糰或麵糊，若泡打粉未完全溶解，容易造成何類產品的表皮產生黃色斑點？　(1) 黑糖糕、千層酥　(2) 開口笑、兩相好　(3) 叉燒包、發糕　(4) 方塊酥、桃酥。　　3

( ) 122. 下列何者是製作小籠包所用麵粉的成份？　(1) 蛋白質　(2) 脂質　(3) 澱粉　(4) 水。　　1234

( ) 123. 含水量 40% 的饅頭麵糰經過發酵過程，下列現象何者為是？　(1)pH 值下降　(2) 溫度上升　(3) 體積增加　(4) 澱粉量減少。　　1234

( ) 124. 改善或延緩包子、饅頭的老化現象，添加下列何種原料有幫助？　(1) 油脂　(2) 乳化劑　(3) 糖　(4) 鹽。　　123

( ) 125. 使用下列材料製作饅頭，中筋麵粉 1,000g、水 500g、乾酵母 10g、糖 150g、油 50g，則下列何者為是？　(1) 可製作方、圓形饅頭　(2) 屬於白色甜饅頭　(3) 饅頭麵糰含水量約 37%　(4) 饅頭麵糰含油量約 3%。　　1234

( ) 126. 製作發酵麵食，能增加或減弱酵母產氣速率的因子，下列何者為是？　(1) 溫度高低　(2) 加水量多寡　(3) 酵母添加量多寡　(4) 滲透壓高低。　　1234

( ) 127. 為控制饅頭麵糰溫度，如需計算冰的使用量，應考慮何種因素？　(1) 麵粉溫度　(2) 操作環境室溫　(3) 水溫　(4) 攪拌摩擦熱。　　1234

( ) 128. 製作饅頭時，發酵損耗的說明，下列何者正確？　(1) 發酵愈久損耗越高　(2) 麵糰外濕度愈高損耗越高　(3) 麵糰中心溫度愈高損耗越高　(4) 酵母產氣速率越高損耗亦高。　　134

( ) 129. 下列何者對增大發糕裂口有幫助？　(1) 使用大火蒸　(2) 麵粉量增加　(3) 麵糊充分攪拌均勻　(4) 麵糊量增加、容器加深。　　134

( ) 130. 蒸黑糖糕時下列何者可防止表面出現裂口　(1) 減低蒸的火力　(2) 提高蒸前麵糊溫度　(3) 增加麵糊容器深度　(4) 膨大劑量減少。　　124

( ) 131. 下列何項製作因素可增進巧果品質？　(1) 油炸油乾淨不起泡　(2) 麵皮鬆弛，減少收縮　(3) 麵皮適當薄片，油炸顏色均勻　(4) 定溫、定時、定量油炸，品質一致。　　1234

( ) 132. 下列何者對發粉麵食檢定產品的說明正確？　(1) 發糕、黑糖糕主要膨脹來源為發粉　(2) 蒸蛋糕、夾心鹹蒸蛋糕主要膨脹來源為蛋打發及發粉　(3) 黑糖糕需打發蛋白糖再拌合其他材料　(4) 發糕、黑糖糕製作時充分拌勻即可。　　124

( ) 133. 饅頭麵糰發酵時會產生 (1) 二氧化碳 (2) 酒精 (3) 熱 (4) 香味。 | 1234

( ) 134. 發麵食品使用的小蘇打粉，下列描述何者正確？ (1) 是一種酸性鹽 (2) 是一種化學膨大劑 (3) 與油脂加熱會產生皂化作用 (4) 小蘇打粉於熟製過程中會產生二氧化碳。 | 234

( ) 135. 製作沙琪瑪下列何者正確？ (1) 麵粉筋性需較高 (2) 可使用碳酸氫銨 (3) 可使用 180~200℃油炸 (4) 產品成型需使用 105℃左右的熱糖漿。 | 123

( ) 136. 依據術科測試試題規定，製作蓮花酥，下列何者正確？ (1) 以小包酥擀捲成多層次之產品 (2) 皮：酥：餡比例為 2：1：1 (3) 包餡麵皮，表面需用利刀切成 8~12 瓣 (4) 需用化學膨大劑。 | 123

( ) 137. 依據術科測試試題規定，製作糖麻花，下列何者正確？ (1) 麵皮可用發粉或發酵麵糰製作 (2) 麵糰需用手整型成 12±2 公分單股或雙股 (3) 產品表面需沾裹均勻的糖凍 (4) 產品成型需使用 135℃以上熱糖漿。 | 123

( ) 138. 依據術科測試試題規定，製作兩相好，下列何者正確？ (1) 以小包酥捲成多層次之產品 (2) 麵皮與糖心比例為 5：1 (3) 屬於油炸產品，兩個麵糰的外角需膨大成 90 度以上 (4) 麵皮可用發粉或發酵麵糰製作。 | 234

( ) 139. 依據術科測試試題規定，千層酥的製作，下列何者正確？ (1) 以大或小包酥捲成多層次之產品 (2) 皮：酥：餡比例為 2：1：1 (3) 表面需有明顯螺紋層次 (4) 一般不使用化學膨大劑。 | 1234

( ) 140. 依據術科測試試題規定，菜肉包的製作，下列何者正確？ (1) 用手整型成圓形或麥穗形之產品 (2) 麵皮：菜肉餡的比例為 5：2 (3) 蒸熟產品表面捏合處不得有不良開口及內餡外露 (4) 麵皮需用發酵麵糰製作。 | 1234

( ) 141. 製作花捲所使用的酵母，下列何者正確？ (1) 酵母菌因不含葉綠素，不能行光合作用營生，必須由環境提供醣類才能生存 (2) 烘焙酵母 Saccharomyces cerevisiae 是屬於子囊菌類的一種單細胞菌 (3) 酵母菌有氧代謝時：利用氧氣進行呼吸作用，將糖轉化成能量及 CO_2 (4) 酵母菌無氧代謝時：不需氧氣，利用發酵作用將糖轉化為酒精及 CO_2。 | 1234

( ) 142. 製作中式麵食所用之小麥麥粒，下列說明何者正確？ (1) 胚乳是製成麵粉的基本部分約占 85% (2) 胚芽約占 2.5% (3) 麩皮約占 12.5% (4) 水份含量通常在 20% 以上。 | 123

( ) 143. 中式麵食製造業對麵粉貯藏下列何者正確？ (1) 貯藏之處所需有空氣流通 (2) 貯藏之溫度約在 18~24℃左右 (3) 貯藏之相對濕度約在 55~65% (4)CNS 國家標準含水量標準為 14%。 — 1234

( ) 144. 下列何者因素會影響壽桃麵糰攪拌的品質？ (1) 麵糰中的含水量 (2) 麵糰的溫度 (3) 攪拌機的速度 (4) 麵糰攪拌的重量。 — 1234

( ) 145. 依據術科測試試題規定，叉燒包的製作，下列何者正確？ (1) 使用發麵麵糰製作外皮 (2) 麵皮：餡的比例為 2：1 (3) 表面有三瓣或以上自然裂口 (4) 產品表面需色澤均勻無異常斑點。 — 1234

( ) 146. 依據術科測試試題規定，水煎包與小籠包的製作，下列何者正確？ (1) 使用發麵麵糰製作外皮 (2) 水煎包的皮：餡比例為 1：1；小籠包的皮：餡比例為 2：1 (3) 整型成 8 道以上紋路的圓形 (4) 產品無異味（鹼味或酸味）。 — 1234

( ) 147. 製作菜肉包之麵粉含液化酵素及糖化酵素，下列說明何者正確？ (1) 酵素的熱穩定性，液化酵素＞糖化酵素 (2) 在液化酵素和糖化酵素的共同作用下，將破損澱粉分解成麥芽糖和葡萄糖 (3) 正常麵粉中含有足夠量的糖化酵素，而液化酵素往往不足 (4) 糖化酵素的作用溫度約 85~95℃，液化酵素的作用溫度約 60~70℃。 — 123

( ) 148. 油條的製作，下列何者正確？ (1) 使用發粉麵糰製作產品 (2) 麵糰需適當鬆弛後再成型油炸 (3) 油炸前麵糰由兩麵片相疊而成，中央用細鐵條適度壓緊 (4) 油炸溫度約 180~200℃。 — 1234

( ) 149. 發麵類油炸麵食，下列產品何者使用低溫油炸，產品效果較好？ (1) 蓮花酥 (2) 油條 (3) 開口笑 (4) 千層酥。 — 134

( ) 150. 發麵類油炸麵食，下列產品何者使用高溫油炸，產品效果較好？ (1) 油條 (2) 沙琪瑪 (3) 開口笑 (4) 蓮花酥。 — 12

( ) 151. 蓮花酥屬於發麵類油炸麵食，製作時油皮包油酥，最終產品的油皮層次是幾層，下列計算何者正確？ (1) 對折法二次為 5 層 (2) 三折法二次為 10 層 (3) 四折法二次為 17 層 (4) 對折法、三折法、四折法各一次為 25 層。 — 1234

( ) 152. 蒸蛋糕組織鬆軟之原因，下列說明何者正確？ (1) 使用蛋白糖增加生麵糊充氣量 (2) 配方使用發粉作為膨大劑 (3) 提高麵粉筋性 (4) 配方使用較多奶粉。 — 12

( ) 153. 下列哪一種發酵麵食可以使用老麵製作？　(1) 叉燒包　(2) 饅頭　(3) 水煎包　(4) 菜肉包。 〔1234〕

( ) 154. 下列哪一種麵食產品製作時，可使用酵母？　(1) 兩相好　(2) 小籠包 (3) 水煎包　(4) 菜肉包。 〔1234〕

( ) 155. 下列哪一種麵食產品製作時，一般會使用二種以上膨大劑？　(1) 叉燒包　(2) 油條　(3) 糖麻花　(4) 巧果。 〔123〕

( ) 156. 下列哪一種麵食產品製作時，一般不會使用蛋？　(1) 馬拉糕　(2) 黑糖糕　(3) 蓮花酥　(4) 千層酥。 〔234〕

( ) 157. 下列何項因素造成酥皮蛋塔表面縮皺？　(1) 低溫長時間烘焙　(2) 高溫長時間烘焙　(3) 蛋塔內餡含蛋量太高　(4) 低溫短時間烘焙。 〔23〕

( ) 158. 下列何者易造成龍鳳喜餅表面印紋不清晰的原因？　(1) 漿皮太軟　(2) 漿皮攪拌過度　(3) 壓模成型用力不足　(4) 烤焙溫度太高。 〔13〕

( ) 159. 台式椰蓉月餅產品有明顯裙腳的原因　(1) 餅皮攪拌不足　(2) 烤焙溫度太低　(3) 內餡太軟　(4) 高溫短時間烘烤。 〔123〕

( ) 160. 酥皮椰塔產品切開後中間有未熟生餡的原因　(1) 烤焙時間不足　(2) 內餡量太少　(3) 塔餡量偏多　(4) 爐溫過高。 〔134〕

( ) 161. 金露酥產品表面有見到餡的裂紋或爆餡之原因　(1) 糕皮厚度不均　(2) 烤焙時間過長　(3) 內餡太硬　(4) 外皮太軟。 〔123〕

( ) 162. 以下何者是良好的龍鳳喜餅產品評鑑標準？　(1) 表面不可破裂、漏餡、變形　(2) 不可烤焦黑、不可未熟及嚴重沾粉　(3) 皮餡比例 1:3，產品表面印紋清晰　(4) 皮餡須完全熟透，不可皮餡混合。 〔1234〕

( ) 163. 造成蒜蓉酥烤焙後切開內部濕潤未熟，無層次的原因　(1) 內餡水分過多　(2) 烤焙時間不足　(3) 擀製力道過大、油酥皮層次不易展開　(4) 油皮酥鬆弛時間足夠。 〔123〕

( ) 164. 酥油皮類麵食進行油皮包油酥，當壓延桿捲時容易爆酥，以下何者為其原因？　(1) 油酥太軟油皮太硬　(2) 包酥不完整　(3) 油酥太硬油皮太軟　(4) 包酥後鬆弛不足。 〔1234〕

( ) 165. 老婆餅產品爆餡原因　(1) 表面未扎洞或扎洞不當　(2) 擀皮不當　(3) 包餡密合不完全　(4) 油皮酥水份太少乾裂。 〔1234〕

( ) 166. 椰蓉酥產品露餡或爆餡原因　(1) 烤焙爐溫太高　(2) 擀皮操作不當　(3) 包餡前麵糰鬆弛不足　(4) 油皮配方水量不足。　234

( ) 167. 椰蓉酥產品切開後酥油皮層次不足的原因　(1) 油酥量過少　(2) 油酥量過多　(3) 油酥太軟　(4) 整型擀捲次數過度。　124

( ) 168. 製作蛋塔內餡時用濾網過濾的目的是　(1) 使蛋液均質有光澤　(2) 使顏色好看　(3) 除去氣泡及打不散的蛋白　(4) 增加甜度。　13

( ) 169. 影響泡餅產品膨大的原因為　(1) 水，碳酸氫氨加熱汽化　(2) 烤焙溫度　(3) 擀捲次數　(4) 皮酥餡比例。　1234

( ) 170. 下列何者是造成泡餅露餡或爆餡原因？　(1) 油皮配方水量不足　(2) 麵糰鬆弛不足　(3) 皮餡柔軟度一致　(4) 包餡密合不完全。　124

( ) 171. 油皮蛋塔烤焙後表面呈現嚴重凸起或凹陷是　(1) 烤焙時間不足　(2) 烤焙時間過長或餡料不足　(3) 烤焙溫度太低　(4) 烤焙溫度太高。　24

( ) 172. 芝麻喜餅成形後在表面扎二洞之主要目的　(1) 避免外皮鼓脹　(2) 防止燒焦　(3) 排除異味　(4) 防止爆餡。　14

( ) 173. 製作泡餅油皮包酥油後，以酥油皮整型機捲造成油酥太薄或外露，需調整機器之　(1) 調大滾輪間隙　(2) 調小滾調間隙　(3) 調快滾輪轉速　(4) 調慢滾輪轉速。　14

( ) 174. 蒜蓉酥產品外形不完整，漏餡的原因是　(1) 擀捲時鬆弛時間不足　(2) 包餡前麵皮擀太薄　(3) 包餡時未完全密合　(4) 油皮酥水份不足。　1234

( ) 175. 下列何種產品使用酥油皮製作？　(1) 韭菜盒子　(2) 咖哩餃　(3) 蛋黃酥　(4) 太陽餅。　234

( ) 176. 以下何者是金露酥產品表面有裂紋與露餡原因？　(1) 內餡太硬　(2) 外皮太軟　(3) 烤焙時間太長　(4) 外皮太硬。　134

( ) 177. 為使油皮蛋塔層次分明，最重要的是　(1) 油酥硬度一致　(2) 擀捲方式正確　(3) 油脂種類　(4) 使用筋性較低麵粉製作。　123

( ) 178. 烤製好後之蛋塔，不易脫模的原因　(1) 油皮酥柔軟度良好　(2) 底層火力不夠　(3) 蛋汁溢出　(4) 蛋塔皮破洞。　234

( ) 179. 太陽餅的酥度與下列何者有關？　(1) 油脂的特性　(2) 麵粉規格　(3) 烤焙時間　(4) 擀捲次數。　1234

( ) 180. 使用小包酥製作的產品,會具有下列何種特色?　(1) 層次多而清晰　(2) 品質酥鬆性較差　(3) 層次較大不清晰　(4) 油皮油酥層次比例均勻。　14

( ) 181. 影響酥油皮類成品層次的原因為　(1) 油酥比例　(2) 油脂種類　(3) 擀捲次數　(4) 油皮與油酥比例。　1234

( ) 182. 下列何者是油麵中添加鹼的目的?　(1) 增加風味　(2) 增加彈性　(3) 增加體積　(4) 防止變色。　12

( ) 183. 製作水餃皮的麵糰特性為　(1) 筋性好　(2) 彈韌性強　(3) 色澤較黃　(4) 延展性差。　12

( ) 184. 為了改善產品的品質,下列何種麵食要使用壓延機?　(1) 水餃皮　(2) 淋餅　(3) 刈包　(4) 麵條。　134

( ) 185. 製作中式麵食時可增加麵糰筋性之非合法添加物是　(1) 溴酸鉀　(2) 碘酸鉀　(3) 硼砂　(4) 維生素 C。　123

( ) 186. 下列何組產品製作時,可使用壓延機壓延以提高品質?　(1) 饅頭、水餃皮　(2) 馬拉糕、油條　(3) 麵條、貓耳朵　(4) 千層糕、花捲。　134

( ) 187. 下列何組產品使用冷水麵製作?　(1) 刀削麵、水餃　(2) 貓耳朵、蒸餃　(3) 油麵、乾麵條　(4) 餛飩、貓耳朵。　134

( ) 188. 製作油條的麵粉應選用　(1) 蛋白質含量較高者　(2) 澱粉含量較高者　(3) 特高筋麵粉　(4) 灰分含量較高者。　134

( ) 189. 製作油條於最後整型時,若麵帶抗延展性仍太大而不易拉伸是因為　(1) 麵糰已鬆弛過度　(2) 麵糰含水量太少　(3) 麵糰攪拌過度　(4) 麵糰鬆弛仍不足。　24

( ) 190. 燙麵糰的製作流程中,何者有誤?　(1) 沸水與冷水先混合均勻再加入麵粉中攪拌　(2) 先加冷水立即再加沸水再攪拌　(3) 所有材料先以冷水混勻再加入沸水攪拌　(4) 麵粉先以沸水攪成均勻片狀再加入冷水攪拌成糰。　123

( ) 191. 下列產品與製作流程搭配,何者為是?　(1) 水餃:冷水麵糰製作→鬆弛→整型→鬆弛→包餡→水煮　(2) 貓耳朵:燙麵糰製作→整型→鬆弛→擀開→鬆弛→水煮　(3) 蔥油餅:燙麵糰製作→鬆弛→整型→鬆弛→擀開→煎熟　(4) 荷葉餅:冷水麵糰製作→鬆弛→整型→鬆弛→擀開→煎熟。　13

( ) 192. 下列何組產品使用燙麵製作？ (1) 蔥油餅、韭菜盒 (2) 貓耳朵、乾麵條 (3) 蛋餅、捲餅 (4) 蒸餃、荷葉餅。 **134**

( ) 193. 麵條製作時，壓延的主要目的為 (1) 使麵帶光滑 (2) 利於麵帶切條 (3) 促進麵筋形成 (4) 改善成品風味。 **123**

( ) 194. 下列敘述何者為是？ (1) 冷水麵製作荷葉餅 (2) 冷水麵製作燒賣 (3) 冷水麵製作春捲皮 (4) 燙麵製作牛肉捲餅。 **34**

( ) 195. 製作麵條時，下列敘述何者正確？ (1) 水量加多對麵筋之形成有影響 (2) 水量加多可能影響壓麵與切條 (3) 水量加多對麵條品質無幫助 (4) 利用熟成技術與設備硬體的調整，可改善水加多的操作困難性。 **124**

( ) 196. 麵條的口感與麵粉中的何種成份有關？ (1) 維生素 B2 的含量 (2) 澱粉的性質 (3) 蛋白質的含量 (4) 纖維的含量。 **234**

( ) 197. 製作餡餅包餡時要有良好的操作性，其內餡之溫度要 (1) 高 (2) 比麵皮溫度低 (3) 微溫 (4) 冷藏或輕微冷凍。 **24**

( ) 198. 麵條的熟成作用，其目的包括 (1) 鬆弛 (2) 水分均勻擴散 (3) 防止麵筋破壞 (4) 蛋白質變性。 **123**

( ) 199. 製作涼麵、油麵時無法增加麵條彈韌性的原料為 (1) 鹼水 (2) 油 (3) 白醋 (4) 玉米澱粉。 **234**

( ) 200. 下列何種產品水分含量由高至低的排列有誤？ (1) 生鮮麵條、乾麵條、油麵 (2) 乾麵條、油麵、生鮮麵條 (3) 油麵、乾麵條、生鮮麵條 (4) 油麵、生鮮麵條、乾麵條。 **123**

( ) 201. 一袋麵粉 22 公斤可製成生鮮麵條 50 台斤，若每袋麵粉漲價 60 元，則下列敘述何者正確？ (1) 每台斤麵條之材料成本增加 2 元 (2)1 公斤麵粉漲價 2.7 元 (3)1 台斤麵粉漲價 1.2 元 (4) 每台斤麵條之材料成本增加 1.2 元。 **24**

( ) 202. 饅頭麵糰攪拌過程，由於理化效應而產生下列何種變化？ (1) 硫氫鍵轉換為雙硫鍵 (2) 氫鍵轉換為硫氫鍵 (3) 氧化作用 (4) 氧化作用。 **13**

( ) 203. 下述何者是饅頭麵糰壓延的功能？ (1) 使麵糰光滑 (2) 將麵糰內空氣擠出 (3) 加速麵粉吸水 (4) 使麵糰體積增加。 **12**

( ) 204. 有關麵帶壓延操作的敘述，下列何者正確？ (1) 滾輪轉速過快會加速 24
熟成 (2) 麵帶厚薄不一時應調整厚的一邊增加壓力 (3) 逐漸增加滾輪
間隙 (4) 滾輪間隙小且壓延比大會造成麵筋受損。

( ) 205. 燙麵水溫越高對麵糰性質的影響，下列何者正確？ (1) 黏性大 (2) 筋 12
性弱 (3) 黏性小 (4) 筋性強。

( ) 206. 有關燙麵的敘述，下列何者正確？ (1) 燙麵麵糰加水量可達 70~90% 14
(2) 燙麵的沸水比例越高產品質地越硬 (3) 燙麵水溫越高麵糰越不黏手
(4) 添加冷水可調節麵糰軟硬度。

( ) 207. 下列何者對於餡餅的包餡整型較有助益？ (1) 麵糰可適當加油以軟化 134
餅皮 (2) 麵糰攪拌後立即包餡 (3) 內餡需冷藏 (4) 麵糰有足夠鬆弛
時間。

( ) 208. 有關油條整型時，將麵片重疊，中間壓緊的敘述，何者不正確？ (1) 23
可用塑膠袋覆蓋保持表面不結皮 (2) 應先撒粉噴水再互疊壓緊 (3) 重
疊壓緊是為入鍋炸時較快浮起 (4) 重疊壓緊是為確保體積膨脹。

( ) 209. 生產油麵與涼麵之敘述，下列何者不正確？ (1) 熟製時，麵條重量與 12
煮水重量比例 1：4 (2) 二者皆為完全煮熟麵 (3) 可使用相同號碼的
切刀 (4) 皆有使用鹼水。

( ) 210. 下列何種麵食要用蒸的方式製成？ (1) 蒸餃、水餃 (2) 蝦餃、燒賣 24
(3) 小籠包、水煎包 (4) 饅頭、刈包。

( ) 211. 下列何者是燙麵產品之特性？ (1) 柔軟 (2) 較濕潤 (3) 成品色澤較 1234
深 (4) 可塑性好。

( ) 212. 下列哪一種麵粉適合製作春捲皮？ (1) 高筋麵粉 (2) 中筋麵粉 (3) 12
低筋麵粉 (4) 澄粉。

( ) 213. 下列處理方法，何者不適於菜肉包內餡的蔬菜水分排出？ (1) 添加澱 134
粉 (2) 添加適量鹽 (3) 添加醋 (4) 添加油脂。

( )1. 麵食包裝材料的密度一般是與水比，高密度的包材其值為 (1)0.60~0.80 (2)0.80~0.90 (3)0.94~0.96 (4)1.0~1.2。   3

( )2. 桃酥的包材密閉性最主要是在隔絕 (1)氧氣 (2)香味 (3)水氣 (4)光線。   3

( )3. 依照食品安全衛生管理法之規定，乾麵條製作方法 (1)必需標示 (2)無需標示 (3)只標示製造條件即可 (4)只標示使用設備即可。   2

( )4. 全麥饅頭包裝上不可標示 (1)價格 (2)成分 (3)療效 (4)有效日期。   3

( )5. 綠豆凸傳統使用下列何種材料個別包裝？ (1)玻璃紙 (2)棉紙 (3)臘紙 (4)牛皮紙。   1

( )6. 鳳梨酥通常使用下列何種材料個別包裝較不易滲油？ (1)棉紙 (2)白報紙 (3)鋁箔積層 (4)牛皮紙。   3

( )7. 月餅傳統使用下列何種材料個別包裝？ (1)保鮮膜 (2)白報紙 (3)玻璃紙 (4)牛皮紙。   3

( )8. 製作酥油皮麵食，使用抗氧化劑時，不需在包裝上標示之項目為 (1)用途 (2)品名 (3)通用名稱 (4)輸入國名。   4

( )9. 鳳梨酥的容器或包裝器材為符合衛生安全標準，最好庫存的期限為 (1)1~2年 (2)4~5年 (3)6~8年 (4)無期限限制。   1

( )10. 我國國內製作及銷售之中式麵食，其包裝標示如兼用外文，其字樣大小應 (1)與中文同大 (2)不得大於中文 (3)可大於中文 (4)可大可小。   2

( )11. 中式麵食包裝標示字體之長度與寬度不得小於多少公厘 (1)0.5 (2)1 (3)2 (4)3。   3

( )12. 月餅、喜餅等個裝產品最常用的內襯(tray)材質為 (1)聚乙烯(PE) (2)聚酯(PET) (3)聚丙烯(PP) (4)聚苯乙烯(PS)。   4

( )13. 低糖月餅包裝上不可標示 (1)療效 (2)有效日期 (3)價格 (4)成分。   1

( )14. 我國衛生福利部食品藥物管理署規定鳳梨酥的營養標示之基準得以何種單位來表示？ (1)每100公克 (2)每100兩 (3)每100磅 (4)每1公斤。   1

( ) 15. 下列何者不是廣式月餅的營養標示所必須標示的營養素？ (1) 蛋白質 (2) 鈉 (3) 膽固醇 (4) 碳水化合物。 —— 3

( ) 16. 廣式月餅用何種包裝不能防止長黴？ (1) 真空包裝 (2) 使用脫氧劑 (3) 充氮包裝 (4) 含氧之調氣包裝。 —— 4

( ) 17. 下列何者尚作為麵食積層袋之熱封層？ (1) 聚乙烯 (PE) (2) 鋁箔 (3) 耐龍 (Nylon) (4) 聚酯 (pet)。 —— 1

( ) 18. 麵食包裝時，何種氣體最容易溶解在水中？ (1) 氧氣 (2) 氮氣 (3) 二氧化碳 (4) 氦氣。 —— 3

( ) 19. 下列何種食品添加物在鳳梨酥包裝標示上須同時標示品名與其用途名稱？ (1) 香料 (2) 乳化劑 (3) 抗氧化劑 (4) 膨脹劑。 —— 3

( ) 20. 下列產品中，何者使用脫氧劑於包裝食品中，其效果較差？ (1) 桃酥 (2) 方塊酥 (3) 老婆餅 (4) 水煎包。 —— 4

( ) 21. 雞仔餅以容器包裝必須明顯標示 (1) 有效日期 (2) 使用日期 (3) 出廠日期 (4) 販賣日期。 —— 1

( ) 22. 巧果包裝的材料中，哪一種塑膠材料透氧性最大？ (1) 聚乙烯 (polyethylene, PE) (2) 聚丙烯 (polypropylene, PP) (3) 聚氯乙烯 (polyvinyl chloride, PVC) (4) 聚苯乙烯 (polystyrene, PS)。 —— 1

( ) 23. 按我國食品安全衛生管理法規定，下列何者不是水餃強制性標示事項？ (1) 品名 (2) 製造方法 (3) 內容物名稱 (4) 有效日期。 —— 2

( ) 24. 以保利龍為材料之餐具，不適合盛裝何種溫度之開口笑油炸類食品 (1)100℃以上 (2)80℃ (3)70℃ (4)60℃。 —— 1

( ) 25. 麵食包裝材料用聚氯乙烯 (PVC) 其氯乙烯單體 (VC) 必須在 (1)1ppm 以下 (2)100ppm 以下 (3)1000ppm 以下 (4) 沒有規定。 —— 1

( ) 26. 常用於麵食包裝容器的塑膠種類很多，下列何者常用於伸縮性保鮮膜？ (1) 聚乙烯 (polyethylene, PE) (2) 聚丙烯 (polypropylene, PP) (3) 聚氯乙烯 (polyvinyl chloride, PVC) (4) 聚苯乙烯 (polystyrene, PS)。 —— 3

( ) 27. 下列何者常用於麵食類殺菌軟袋 (retort pouch) 的內層，有耐油、耐熱、防燙的效果？ (1) 聚乙烯 (polyethylene, PE) (2) 聚丙烯 (polypropylene, PP) (3) 聚氯乙烯 (polyvinyl chloride, PVC) (4) 聚苯乙烯 (polystyrene, PS)。 —— 1

( ) 28. 市售的桃酥包裝容器，是下列何種材質？　(1) 聚乙烯 (PE)　(2) 聚丙烯 (PP)　(3) 聚酯 (PET)　(4) 聚苯乙烯 (PS)。　　3

( ) 29. 聚乙烯 (PE) 最不適合用於下列何種產品之包材？　(1) 鳳梨酥、桃酥　(2) 咖哩餃、蛋黃酥　(3) 老婆餅、太陽餅　(4) 菊花酥、蔥油餅。　　4

( ) 30. 鍍鋁聚酯膜 (VMPET) 常做為下列何種產品之包材？　(1) 冷凍水餃　(2) 鳳梨酥　(3) 油條　(4) 蘿蔔絲餅。　　2

( ) 31. 市售月餅禮盒包裝中常有乾燥劑及脫氧劑，其功用為　(1) 防止蛋白質變性　(2) 減少吸濕　(3) 防止油脂酸敗　(4) 降低微生物生長速率。　　234

( ) 32. 包裝銀絲捲在外包裝上必須標示之項目為　(1) 有效日期　(2) 療效　(3) 重量　(4) 蛋白質含量。　　134

( ) 33. 強調使用低膽固醇雞蛋製作之蒸蛋糕，其外包裝上需標示之項目為　(1) 鈉　(2) 脂肪　(3) 膽固醇　(4) 熱量含量。　　1234

( ) 34. 包裝流通之鳳梨酥，依我國食品安全衛生管理法，下列何者是強制性標示項目？　(1) 品名　(2) 原料名稱　(3) 製造方法　(4) 食品添加物名稱。　　124

( ) 35. 欲防止廣式月餅長黴，適合之包裝方法有　(1) 真空包裝　(2) 含氧包裝　(3) 紙包裝　(4) 充氮包裝。　　14

( ) 36. 鳳梨酥之包裝食品，其營養標示之基準可以用何種方式表示？　(1) 每台兩　(2) 每 100 公克　(3) 每個鳳梨酥　(4) 每 100 磅。　　23

( ) 37. 鳳梨酥適用之包裝材料，下列哪二種有較佳的氧氣阻隔性？　(1) 鋁箔　(2) 紙　(3) 高密度聚乙烯 HDPE　(4) 低密度聚乙烯 LDPE。　　13

( ) 38. 月餅禮品如使用金屬盒作為外包裝，此金屬包裝材料之特性為　(1) 不透光　(2) 可透氧氣　(3) 不透濕　(4) 不易變形。　　134

( ) 39. 老婆餅包裝之功能有　(1) 維護食品品質　(2) 易運送　(3) 印刷美觀　(4) 標示易識別。　　1234

( ) 40. 可用於熟水餃微波加熱之包裝有　(1) 結晶性聚酯 c-PET　(2) 鋁箔袋　(3) 聚丙烯 PP ／聚偏氯乙烯 PVDC ／聚丙烯 PP　(4) 鐵罐。　　13

( ) 41. 聚乙烯 (PE) 常被使用於廣式月餅的包裝材料，其特性為　(1) 易熱封　(2) 易印刷標示　(3) 氧氣不能通過　(4) 耐 120℃高溫。　　12

( ) 42. 下列中式麵食產品，哪二種產品使用脫氧劑於其包裝食品中的效果較佳？　(1) 蒸餃　(2) 饅頭　(3) 桃酥　(4) 沙琪瑪。　　34

( ) 43. 沙琪瑪包裝用之玻璃紙 cellophane，下列敘述何者正確？ (1) 一種天然再生纖維素薄膜 (2) 透明度高 (3) 耐油脂性 (4) 防潮性佳。 　123

( ) 44. 中式麵食包裝常使用脫氧劑，下列有關脫氧劑之敘述何者正確？ (1) 成分含鐵粉 (2) 成分含低亞硫酸鈉和氫氧化鈣 (3) 主要功用為去除包裝中的水分 (4) 主要功用為去除包裝中的氧。 　124

( ) 45. 為抑制冷凍食品中水分的損失和風味的改變，適合冷凍饅頭之包裝材料是 (1) 紙 (2) 聚醯胺 PA (3) 聚乙烯 PE (4) 聚酯 PET。 　234

工作項目 06：成品品質評定

( ) 1. 何者為麵龜外部品質標準？ (1) 有強烈的鹹味 (2) 深黃的外表色澤 (3) 表面會有良好的龜裂現象 (4) 色紅而有光滑的外表。 　4

( ) 2. 何者為叉燒包的品質標準？ (1) 咀嚼時會有較強的彈韌性 (2) 雪白而平坦的外表 (3) 表面會有良好的裂紋現象 (4) 有強烈的發酵酸味。 　3

( ) 3. 蒸餃與燒賣的麵皮特性與何種產品類似？ (1) 餛飩 (2) 魚翅餃 (3) 水餃 (4) 餡餅。 　4

( ) 4. 何者為廣式月餅內部品質標準？ (1) 皮薄餡少 (2) 皮薄餡多 (3) 皮厚餡多 (4) 皮厚餡少。 　2

( ) 5. 蛋黃酥外皮之鬆酥與下列何者無關？ (1) 油脂的比例 (2) 油脂的打發性 (3) 油酥比例 (4) 油脂的種類。 　2

( ) 6. 下列何者不是中式麵食內部品質判定之主要項目？ (1) 色澤 (2) 質地 (3) 形狀 (4) 風味。 　3

( ) 7. 蛋黃酥餡外露，以下何者不是原因之一？ (1) 油皮油酥之比例為 2：1 (2) 油皮油酥之比例為 1：2 (3) 包餡不良 (4) 餡太軟。 　1

( ) 8. 月餅品質下列何者較受歡迎？ (1) 油多 (2) 皮很厚 (3) 餡少 (4) 低甜。 　4

( ) 9. 不影響蛋黃酥外表著色之原料為 (1) 蛋 (2) 糖 (3) 鹽 (4) 奶粉。 　3

( ) 10. 下列何種產品回軟後比較好吃？ (1) 蛋黃酥 (2) 廣式月餅 (3) 菊花酥 (4) 蘿蔔絲酥餅。 　2

( ) 11. 何者為油麵的理想 pH 值？　(1)pH5~6　(2)pH7~8　(3)pH9~10　(4) pH10~11。 　　3

( ) 12. 煮麵條試驗時，麵重與水重的比例以何者較佳？　(1)1：5　(2)1：10 (3)1：15　(4)1：20。 　　2

( ) 13. 就生產與品管而言，一般乾麵條之理想水分含量　(1)5% 以下 (2)5~10%　(3)12~13%　(4)15~17%。 　　3

( ) 14. 測定生鮮麵條的煮麵損失率，下列四種樣品，以何者品質較佳？ (1)1.2%　(2)2.0%　(3)2.8%　(4)3.3%。 　　1

( ) 15. 何種麵條的水分含量高，pH 值低？　(1) 生鮮麵條　(2) 涼麵　(3) 油麵 (4) 烏龍麵。 　　4

( ) 16. 生鮮麵條置於冷藏庫最常見的缺點是　(1) 蟲卵 (2 紅色或橘色斑點　(3) 褐變　(4) 無變化。 　　3

( ) 17. 廣式叉燒包的表面有黃色小斑點的主要原因是　(1) 酵母未攪拌均勻 (2) 砂糖未攪拌均勻　(3) 泡打粉攪拌過度　(4) 泡打粉攪拌未均勻。 　　4

( ) 18. 下列何者非老婆餅烤焙時爆餡的原因？　(1) 包餡時未能密合　(2) 餡的 黏性不足　(3) 糕仔粉含量太高　(4) 烤焙溫度太高。 　　3

( ) 19. 巧果油炸時可能產生大氣泡的原因是　(1) 油溫太低　(2) 麵片太薄　(3) 麵片太厚　(4) 芝麻太多。 　　3

( ) 20. 紅色麵龜蒸熟後有光滑外表的原因是　(1) 刷紅色素造成的　(2) 較高的 發酵濕度　(3) 較高的發酵溫度　(4) 較乾的表皮。 　　4

( ) 21. 下列何種原因最易造成發糕成品表面沒有裂紋？　(1) 蛋白質含量太高 (2) 蒸的溫度太高　(3) 麵筋太低　(4) 攪拌太久。 　　1

( ) 22. 太陽餅外皮之酥脆與下列何者無關？　(1) 油脂的種類　(2) 油脂的軟硬 度　(3) 油脂的打發性　(4) 油酥的比例。 　　3

( ) 23. 下列市售麵條產品含水量的排列才正確？　(1) 生鮮麵條 > 乾麵條 > 油 麵　(2) 乾麵條 > 油麵 > 生鮮麵條　(3) 油麵 > 乾麵條 > 生鮮麵條　(4) 油麵 > 生鮮麵條 > 乾麵條。 　　4

( ) 24. 下列何種麵皮的特性相類似？　(1) 燒賣與餛飩　(2) 水餃與蒸餃　(3) 餡餅與老婆餅　(4) 蒸餃與燒賣。 　　4

( ) 25. 下列何種產品冷卻後最容易回軟？ (1) 蛋黃酥 (2) 台式月餅 (3) 廣式月餅 (4) 蘿蔔絲酥餅。　　4

( ) 26. 何種麵食的 pH 值最高？ (1) 廣式鹼水麵 (2) 生鮮麵條 (3) 油麵 (4) 馬拉糕。　　1

( ) 27. 下列何者不是造成台式月餅印紋不清楚之原因？ (1) 烤溫不足 (2) 攪拌不足 (3) 餅皮太軟 (4) 月餅模太大。　　4

( ) 28. 下列何者不是饅頭的品質標準？ (1) 咀嚼時會有較強的彈韌性 (2) 白而平整的外表 (3) 內部組織呈絲狀般的細綿 (4) 有強烈的發酵酸味。　　4

( ) 29. 依據術科測試試題規定，龍鳳喜餅的品質標準應具備 (1) 皮餡比 1：1 (2) 皮餡比 1：3 (3) 皮餡比 1：5 (4) 皮餡比 3：1。　　2

( ) 30. 依據術科測試試題規定，鳳梨酥皮餡最佳的品質標準應具備 (1) 皮餡比 1：1 (2) 皮餡比 2：3 (3) 皮餡比 3：1 (4) 皮餡比 3：2。　　4

( ) 31. 依據術科測試試題規定，燙麵之芝麻燒餅油酥最佳的品質標準為 (1) 酥為皮之 25% (2) 酥為皮之 60% (3) 酥為皮之 100% (4) 皮為酥之 40%。　　1

( ) 32. 下列何者不是菜肉包麵皮品質的指標？ (1) 摺紋明顯 (2) 色澤愈雪白愈好 (3) 組織細綿鬆軟 (4) 有較強的彈韌性。　　2

( ) 33. 下列何類月餅的餅皮需薄而會透油？ (1) 台式月餅、綠豆凸月餅 (2) 蘇式月餅、蛋黃酥 (3) 蘇式月餅、白豆沙月餅 (4) 廣式月餅、港式月餅。　　4

( ) 34. 酥油皮類麵食，油酥的比例會影響何種產品的品質？ (1) 咖哩餃、酥皮蛋塔 (2) 蛋黃酥、桃酥 (3) 老婆餅、太陽餅 (4) 菊花酥、鳳梨酥。　　3

( ) 35. 下列何種產品貯存時最易受到油脂氧化而影響品質？ (1) 蛋黃酥 (2) 廣式月餅 (3) 太陽餅 (4) 麻花。　　4

( ) 36. 下列何組麵食烤焙後比較不耐貯存？ (1) 鳳梨酥、桃酥 (2) 台式月餅、方塊酥 (3) 蛋黃酥、蘿蔔絲餅 (4) 廣式月餅、蘇式椒鹽月餅。　　3

( ) 37. 有關椰蓉酥品質之敘述何者正確？ (1) 切開後酥油皮需有明顯的層次 (2) 皮酥餡之比值分別為 2：1：2 (3) 油脂和麵粉種類會影響產品外皮之酥脆性 (4) 外皮鬆酥且內餡柔軟。　　1234

219

( ) 38. 何者是銀絲捲的品質標準？ (1) 表面色澤均勻 (2) 組織細緻 (3) 有 發酵酸味 (4) 有彈韌性的質地。 | 124

( ) 39. 泡餅的品質標準是 (1) 表面色澤均勻 (2) 外型完整呈扁平狀 (3) 切 開後酥油皮需有明顯而均勻的層次 (4) 底部不可焦黑或未烤熟。 | 134

( ) 40. 何者是判定中式麵食成品品質之項目？ (1) 成品的製作重量 (2) 成品 熟製度 (3) 成品的風味口感 (4) 成品的形狀和大小。 | 1234

( ) 41. 判定乾麵條產品品質不及格之項目有 (1) 不良的乾麵比例未超過 20% (2) 製作成品重量不足＜ 5% (3) 外觀平滑且表面含粉 (4) 乾麵條成品 厚度為 2.4 mm。 | 34

( ) 42. 有關油麵之敘述何者正確？ (1) 為燙麵食 (2) 有添加食用鹼 (3) 有 彈韌性之質地 (4) 成品為黃色。 | 234

( ) 43. 有關太陽餅品質之敘述何者正確？ (1) 酥油皮需有明顯的層次 (2) 皮 酥餡之最佳比值分別為 2：1：3 (3) 外型完整不可露餡 (4) 皮餡需完 全熟透、皮鬆酥、餡柔軟呈半透明。 | 134

( ) 44. 有關發糕之敘述何者有誤？ (1) 以高筋麵粉製作 (2) 有 3 瓣或以上之 自然裂口 (3) 富彈性且不黏牙 (4) 底部組織密實。 | 14

( ) 45. 何者是蘿蔔絲酥餅的品質標準？ (1) 表面需具均勻的金黃色澤 (2) 外 型完整不可露餡 (3) 皮餡需完全熟透 (4) 產品無層次。 | 123

( ) 46. 依據術科測試試題規定，有關菜肉餡餅之敘述何者正確？ (1) 以燙麵 方法製作 (2) 皮餡之比值為 1：2 (3) 產品表面需具均勻的金黃色澤 (4) 產品底部不可有硬厚麵糰。 | 134

( ) 47. 油皮蛋塔的品質標準是 (1) 表面光滑、微凹不可有裂紋 (2) 表面不可 有未凝結的蛋液 (3) 切開後酥油皮需有明顯而均勻的層次 (4) 皮：酥： 餡＝ 2：1：1。 | 123

( ) 48. 有關龍鳳喜餅之敘述何者有誤？ (1) 產品表面需呈均勻的金黃色澤 (2) 皮餡之比值為 1：1 (3) 每個產品熟重 200 公克 (4) 切開後皮餡之 間需完全熟透。 | 23

( ) 49. 有關糖麻花之敘述何者正確？ (1) 可用發粉製作麵糰 (2) 為油炸麵食 (3) 產品呈單股或雙股 (4) 裹入的糖粉應均勻而乾爽。 | 1234

( ) 50. 何者是叉燒包的品質標準？ (1) 外表雪白而平坦 (2) 組織均勻細緻 (3) 外型完整不可露餡 (4) 產品無鹼味或酸味。 24

( ) 51. 有關中式麵食之感官品評敘述何者正確？ (1) 屬於客觀的品質分析方法 (2) 屬於主觀的品質分析方法 (3) 感官品評員先接受訓練後所得品評結果會比較一致 (4) 在新產品開發時常被使用。 234

工作項目 07：中式麵食貯存

( ) 1. 叉燒包長時間最佳的貯存方式是 (1) 室溫 (2) 冷藏 (3) 冷凍 (4) 高溫。 3

( ) 2. 菜肉包貯存時品質劣化與下列何者較無關係？ (1) 溫度 (2) 包裝 (3) 濕度 (4) 皮餡比。 4

( ) 3. 燒賣以下列何種溫度貯存販賣有效時間最短？ (1)-18℃ (2)4~7℃ (3)14℃ (4)70℃。 4

( ) 4. 下列何者與韭菜盒子之貯存無關？ (1) 水活性 (2) 營養標示 (3) 冷藏 (4) 冷凍。 2

( ) 5. 下列何種產品常溫保存有效期間最短？ (1) 蔥油餅 (2) 蛋黃酥 (3) 鳳梨酥 (4) 廣式月餅。 1

( ) 6. 酥油皮麵食半成品，最常使用的保存方法為 (1) 加防腐劑 (2) 包裝殺菌 (3) 冷凍 (4) 脫水。 3

( ) 7. 下列何種產品在室溫的保存期間最短？ (1) 巧果 (2) 兩相好 (3) 廣式月餅 (4) 餡餅。 4

( ) 8. 魚翅餃為延長保存期限，最常使用下列何種方式貯存？ (1) 高溫 (2) 常溫 (3) 冷藏 (4) 冷凍。 4

( ) 9. 市售水餃（生鮮）含水量高達 30% 以上，下列何種微生物最易生長？ (1) 腸炎弧菌 (2) 肉毒桿菌 (3) 酵母菌 (4) 黴菌。 4

( ) 10. 中式麵食半成品經解凍再冷凍貯存，最不易影響品質的是下列何種產品？ (1) 水餃 (2) 燒賣 (3) 韭菜盒子 (4) 綠豆凸。 4

( ) 11. 以下何種麵食比較不適合半成品或成品冷凍貯存？ (1) 蛋黃酥 (2) 蘿蔔絲酥餅 (3) 蛋餅 (4) 蔥油餅。 2

( ) 12. 何種合法的方式可延長饅頭或包子之貯存時間？ (1) 添加保鮮或防腐劑 (2) 常溫下密封包裝 (3) 冷凍或冷藏 (4) 真空包裝後常溫。 | 3

( ) 13. 下列何組麵食產品在室溫下保存的期間最長？ (1) 巧果、黑糖糕 (2) 兩相好、糖麻花 (3) 廣式月餅、餡餅 (4) 鳳梨酥、太陽餅。 | 4

( ) 14. 水餃冷凍貯存時品質的劣化與下列何者較無關係？ (1) 冷凍溫度 (2) 包裝材質 (3) 餡料的品質 (4) 內餡風味。 | 4

( ) 15. 延長月餅的保存期限與下列何者較無關係？ (1) 包裝時加脫氧劑 (2) 包裝材質 (3) 皮餡比 (4) 密封的方式。 | 3

( ) 16. 要使巧果、麻花產品酥脆，油炸後要 (1) 立即包裝 (2) 室溫下完全冷卻後再包裝 (3) 室溫下隔天再包裝 (4) 放入冰箱冷卻有空再包裝。 | 2

( ) 17. 下列何者與麵食之貯存無關？ (1) 冷凍或冷藏 (2) 水活性 (3) 包裝材質 (4) 營養標示。 | 4

( ) 18. 常溫下何種組合的麵食最容易滋生黴菌？ (1) 蛋黃酥、鳳梨酥 (2) 巧果、沙琪瑪 (3) 糖麻花、太陽餅 (4) 咖哩餃、酥皮蛋塔。 | 4

( ) 19. 黑糖糕因含水量高，因此特別容易滋生 (1) 肉毒桿菌 (2) 酵母菌 (3) 黴菌 (4) 腸炎弧菌。 | 3

( ) 20. 咖哩餃在下列何種溫度貯存的時間最短？ (1) 冷凍或冷藏 (2) 常溫下 (3)38℃ (4)70℃。 | 4

( ) 21. 生產咖哩餃所需原料、半成品暫存時應注意 (1) 溫度記錄管理 (2) 將冷凍絞肉盛盤解凍，不覆蓋以加速解凍 (3) 餡料炒製後於鍋內以冷風吹涼 (4) 餡料冷卻後冷藏貯存。 | 14

( ) 22. 叉燒包產品 (1) 保溫銷售時溫度應維持 65℃ 以上 (2) 保溫銷售時溫度應維持 45℃ 以上 (3) 餡料保存於 12℃ 以下 (4) 餡料保存於 7℃ 以下。 | 14

( ) 23. 蛋塔原材料貯存時宜 (1) 油脂以紙箱直接落地疊放節省空間 (2) 產品包裝材料未使用時應封箱保存 (3) 麵粉存放於低溫高濕環境 (4) 冷藏保存液蛋。 | 24

( ) 24. 菜肉包原料為維護品質，貯存時應注意 (1) 肉類原料置於冷藏庫下層以防止滲出液滴落 (2) 酵母存放於 40℃ 以上增加活性 (3) 內餡調製後暫存冷藏庫以提升操作性 (4) 為增加風味將蔥細切後冷凍貯存。 | 13

( ) 25. 為維持老婆餅良好品質及確保衛生安全　(1) 以氣調包裝增加二氧化碳減少黴菌生長　(2) 以氣調包裝增加氧氣抑制黴菌生長　(3) 烘烤後立即密封包裝，以免水分蒸散　(4) 烘烤後冷卻包裝，防止凝結水增加產品表面水活性。　14

( ) 26. 千層糕之原料、半成品之貯存宜　(1) 分類貯放於棧板上　(2) 將麵糰直接放置地面加速鬆弛　(3) 原料庫定期檢查並記錄　(4) 乾料庫進行溫濕度管制。　134

( ) 27. 菊花酥所需原材料保存時應注意　(1) 麵粉－防濕　(2) 油脂－防濕、陰涼貯放　(3) 豆餡－隔絕空氣　(4) 砂糖－防濕。　14

( ) 28. 製作馬拉糕所使用食品添加物應　(1) 堆放整齊　(2) 防止汙染　(3) 密封保存　(4) 溫度保持攝氏 60℃ 以上。　123

( ) 29. 沙其馬產品儲運應避免　(1) 日光直射　(2) 雨淋　(3) 激烈溫度變動　(4) 撞擊。　1234

( ) 30. 老婆餅、台式月餅與廣式月餅倉儲過程應　(1) 分類存放　(2) 落地貯存　(3) 保溫密閉　(4) 先進先出。　14

工作項目 08：品質管制與生產管理

( ) 1. 麵食加工廠安全門的設計應　(1) 由內向外開　(2) 由外向內開　(3) 由左向右開　(4) 由右向左開。　1

( ) 2. 麵食加工廠室內工作場所，各機械間或其他設備通道應至少保持多少公尺　(1)0.8　(2)1.0　(3)1.2　(4)2.0。　1

( ) 3. 麵食加工廠安全管理上，最重要之教育訓練為　(1) 雇主　(2) 各級主管　(3) 第一線作業人員　(4) 安全衛生管理人員。　3

( ) 4. 麵食加工廠從推移圖上，我們可知道　(1) 哪一項產品不良率較高　(2) 哪一生產線不良率較高　(3) 哪一廠不良率較高　(4) 不良件數變化情形。　4

( ) 5. 麵食加工廠為表示不良率或工作成績在時間上的變化時，宜選用的圖形為　(1) 扇形圖　(2) 推移圖　(3) 工程能力圖　(4) 長條圖。　2

( ) 6. 乾麵條外觀品質符合試題說明，下列何者為非？　(1) 具彎折強度（可上揚下壓 5 公分以上）　(2) 成品厚度為 2.2±0.1mm　(3) 截切成 20~25 公分均一長度　(4) 不良的乾麵比例不可超過 20% 以上。　2

( ) 7. 油麵外觀品質符合試題說明，下列何者為非？ (1) 產品需色澤均勻、粗細厚寬一致 (2) 外觀平滑光潔、表面不可殘留黏稠的粉漿 (3) 需條條分明不可相互粘黏 (4) 生麵條厚 2.3±0.1mm，長度 30 公分以上之煮熟油麵成品。 | 4

( ) 8. 水餃外觀品質下列何者為非？ (1) 用直徑 8 公分圓空心模壓切成圓形餃皮 (2) 殘麵量不得高於麵皮配方總量的 50% (3) 皮餡比 5：3 (4) 用手工整成元寶式樣。 | 3

( ) 9. 鍋貼外觀品質，下列何者為非？ (1) 鍋貼皮大小及厚薄一致 (2) 鍋貼皮外型完整柔軟無裂紋 (3) 外型完整不可破損、不可煎焦 (4) 殘麵量不得高於麵皮配方總量的 100%。 | 4

( ) 10. 下列何項不屬於麵食加工廠生產管理的目標？ (1) 準時的交貨 (2) 優良的品質 (3) 低廉的成本 (4) 完善的福利措施。 | 4

( ) 11. 麵食加工廠生產報廢率的計算，通常是以 (1) 報廢數量 ÷ 生產數量 (2) 報廢品價格 ÷ 正常品價格 (3) 報廢品成本 ÷（入庫成品成本＋報廢品成本） (4) 報廢數量 ÷ 正常品數量。 | 3

( ) 12. 麵食加工廠的原物料管理，下列何項管理最適宜？ (1) 物料要後進先出 (2) 未用完的冷凍原料可於解凍後再入冷凍庫 (3) 冷凍原料可以冷藏方式貯存 (4) 原物料要分類貯存。 | 4

( ) 13. 下列何者是麵食生產管理人員的任務？ (1) 市場之行銷與管理 (2) 嚴守交貨日期 (3) 包裝設計 (4) 增進門市內的人際關係。 | 2

( ) 14. 下列何者屬於發酵麵食的官能檢查項目？ (1) 一般成分 (2) 外觀式樣 (3) 外包裝材質 (4) 製作日期標示。 | 2

( ) 15. 為了增進油麵之貯存性，下列何項操作較正確？ (1) 於水煮時適量使用硼砂 (2) 添加適量鹼調整麵條之 pH (3) 適量使用防腐劑 (4) 添加適量酸調整麵條之 pH。 | 2

( ) 16. 為了增進饅頭之貯存性，下列何項操作較正確？ (1) 微溫時馬上包裝用常溫貯存 (2) 包裝後高溫殺菌 (3) 適量使用防腐劑 (4) 冷卻包裝後放入冷凍或冷藏庫貯存。 | 4

( ) 17. 麵食加工廠之品管項目中下列何項無法標準化？ (1) 原料 (2) 配方 (3) 製程 (4) 操作人員。 | 4

( ) 18. 麵粉原料規格化，下列哪些項目一般是採用最高限制標準？ (1) 蛋白質 (2) 澱粉 (3) 灰分 (4) 粒徑大小。　　3

( ) 19. 下列何項不是麵食工廠之衛生管理之目的？ (1) 增進產品之貯存性 (2) 衛生單位之要求 (3) 產品之形象 (4) 增加產品之售價。　　4

( ) 20. 油麵條為增進貯存性，可使用下列何種品管方式？ (1) 嚴格管制麵粉蛋白質之含量限制 (2) 嚴格管制麵條之 pH (3) 嚴格管制色素之添加量 (4) 嚴格管制防腐劑之最低使用量。　　2

( ) 21. 麵食加工廠要增加麵粉之貯存性，下列何項生產方式是無效的或是被禁止使用的？ (1) 使用殺蟲機 (Enterlator) (2) 使用篩網 (3) 使用燻蒸方式處理麵粉 (4) 增強麵粉廠之衛生管理。　　3

( ) 22. 麵食加工廠當全力趕貨的時候，現場人員最容易 (1) 重質不重量 (2) 重量不重質 (3) 重成本不重質 (4) 重質不重成本。　　2

( ) 23. 麵食加工廠生產管理部門一般都是按照何種分線管理？ (1) 產品類別與加工層次 (2) 訂購數量之多寡 (3) 生產效率 (4) 產品的品質。　　1

( ) 24. 麵食加工廠生產管理與安全應 (1) 重視安全 (2) 重視生產 (3) 生產與安全並重 (4) 生產與管理並重。　　3

( ) 25. 製作蒸蛋糕時為了使蛋糕表面較平整應嚴格控制 (1) 蒸的火力與時間 (2) 蛋糕麵糊的比重 (3) 蛋的比例 (4) 蒸蛋糕的模具之大小。　　1

( ) 26. 麵食加工廠的設備可以使用何種方式殺菌？ (1) 鹼水或小蘇打水 (2) 漂白水 (3) 清潔劑 (4) 酒精或醋酸。　　4

( ) 27. 麵食加工廠的品質檢驗與品質管制要何時開始執行管制工作？ (1) 產品出貨時 (2) 產品製作後 (3) 產品製作時 (4) 產品製作前。　　4

( ) 28. 何種麵食加工廠需要有品管的要求？ (1) 只有登記之麵食加工廠 (2) 自產自銷之加工廠 (3) 外銷麵食加工廠 (4) 從事生產的加工廠均需要。　　4

( ) 29. 月餅的生產流程固定時何種因素不會影響產品的品質？ (1) 月餅餡的甜度 (2) 月餅餡的軟硬度 (3) 月餅皮的軟硬度 (4) 月餅模的材質。　　4

( ) 30. 麵食加工廠常用來表示製程能力，並與規格界限比較以發現製程能否依規格界限的有效圖形為 (1) 柏拉圖 (2) 直方圖 (3) 扇形圖 (4) 長條圖。　　2

( ) 31. 為求沙琪瑪或巧果品質穩定，油炸時應嚴格控制 (1) 油炸之色澤 (2) 油溫與時間 (3) 油鍋之油量 (4) 產品之酥脆度。　2

( ) 32. 麵食加工生產時原料管理應把握之原則 (1) 先進後出 (2) 保存期限內使用 (3) 先進先出 (4) 可追溯來源。　234

( ) 33. 為達成麵食加工原料之品質管制應遵守 (1) 進貨時經驗收程序 (2) 進貨驗收不合格者明確標示 (3) 原料暫存有足夠空間無須區隔 (4) 原料需溫濕度管制者建立管制基準。　124

( ) 34. 製作酥油皮麵食使用之食品添加物其管理應遵守 (1) 專人負責管理 (2) 專櫃貯放 (3) 專冊登錄使用 (4) 專用天平秤量。　123

( ) 35. 製作油麵所使用液狀油脂保存方式應注意 (1) 防濕 (2) 保存於凍藏室 (3) 陰涼場所貯存 (4) 隔絕空氣。　34

( ) 36. 未經包裝之酥油皮麵食販售時應注意 (1) 空氣阻隔 (2) 噴水保濕 (3) 分類陳列 (4) 防止交叉汙染。　34

( ) 37. 運送蛋黃酥成品之容器如塑膠籃，回收再使用前須經 (1) 洗滌 (2) 烘乾 (3) 消毒 (4) 噴漆。　123

( ) 38. 蒸餃產品銷售貯存應遵行 (1) 熱藏銷售溫度保持攝氏 40℃ 以上 (2) 冷藏銷售溫度保持攝氏 7℃ 以上 (3) 販售場所光線達 200 米燭光以上 (4) 冷凍銷售應有完整密封之基本包裝。　34

( ) 39. 下列何者可為包子生產過程建立之品質管制基準？ (1) 溫度 (2) 濕度 (3) 水活性 (4) 時間。　124

( ) 40. 鳳梨酥產品生產時製程與品質管制如有異常現象應 (1) 建立矯正措施 (2) 建立防止再發措施 (3) 作成紀錄 (4) 通報衛生機關。　123

( ) 41. 為達良好品質乾麵條生產製造時應管制及記錄下列哪些事項？ (1) 燙麵溫度 (2) 冷卻水槽溫度 (3) 麵糰加水量 (4) 乾燥室濕度。　34

( ) 42. 為確保生鮮麵條產品符合食品良好衛生規範，哪些項目需作成紀錄，以供查核？ (1) 運輸車輛裝備 (2) 消費者申訴案件之處理 (3) 檢驗設備與空間 (4) 成品回收之處理。　24

( ) 43. 非使用自來水生產冷水麵食，應針對淨水或消毒之效果指定專人每日進行下列哪些項目之測定，並作成記錄，以備查考？ (1) 有效餘氯量 (2) 鹽度 (3) 酸鹼值 (4) 濁度。　13

( ) 44. 為有效提昇椰蓉酥生產品質可採取何項品質管理系統　(1)ISO22000 (2)FDA　(3)HACCP　(4) GHP。 ……… 134

( ) 45. 銀絲捲之生產製程管理其管制點之設置何者為是？　(1) 攪拌－時間、溫度　(2) 分割－濕度、重量　(3) 發酵－時間、溫度、濕度　(4) 蒸炊－溫度、時間。 ……… 134

( ) 46. 為使桃酥之生產符合食品良好衛生規範　(1) 烘焙時間與溫度應建立管制方法與基準　(2) 使用膨脹劑秤量與投料應建立重複檢核制度　(3) 每批成品經確認後方可出貨　(4) 包裝後成品應標示成分。 ……… 1234

工作項目 09：成本計算

( ) 1. 一個叉燒包需用叉燒餡 20 公克、叉燒醬 10 公克，製作叉燒包 5,000 個，需用多少叉燒醬　(1)100 公斤　(2)75 公斤　(3)50 公斤　(4)25 公斤。 ……… 3

( ) 2. 原料總百分比為 320，其中麵粉佔 90%，小麥澱粉佔 10%，則其他原料共佔多少百分比　(1)200%　(2)210%　(3)220%　(4)230%。 ……… 3

( ) 3. 若使用包餡機製作饅頭需用手粉 3%（對麵糰重）則製作 10,000 個 90 公克重之饅頭需用手粉多少重量　(1)27 公斤　(2)28 公斤　(3)29 公斤 (4)30 公斤。 ……… 1

( ) 4. 轉化糖漿 1 公斤 25 元則 1 台斤的價格是　(1)12 元　(2)13 元　(3)14 元 (4)15 元。 ……… 4

( ) 5. 泡打粉 1 台斤 18 元，則 2 公斤的價格是　(1)50 元　(2)60 元　(3)70 元 (4)80 元。 ……… 2

( ) 6. 某麵條廠電力設備為 20KW（瓩），每小時生產乾麵條 100 台斤，其電力負載為 70%，電費每度 3.0 元，則其每台斤乾麵條的電力成本為 (1)0.42 元　(2)0.50 元　(3)0.60 元　(4)0.86 元。 ……… 1

( ) 7. 油條麵粉每袋 22 公斤售價為 330 元，若每公斤麵粉可製作油條 30 條，而麵粉佔油條材料成本的 92%，則每條油條的材料總成本約為　(1)0.46 元　(2)0.50 元　(3)0.54 元　(4)1.00 元。 ……… 3

( ) 8. 某水餃廠製作的水餃皮之製成率為 80%，其材料成本為每公斤 7.5 元，若製成率為 86% 時，則材料成本將降為　(1)6.98 元　(2)6.45 元　(3)4.50 元　(4)4.19 元。 ……… 1

( ) 9. 某麵條廠每日生產油麵 420 公斤、生鮮麵條 360 公斤，僱用 4 位員工，每位員工日薪 800 元，則平均每公斤麵條負擔多少人工費用　(1)2.46 元　(2)4.10 元　(3)5.12 元　(4)5.30 元。   2

( ) 10. 生鮮麵條的配方為麵粉 100%、水 32%、鹽 1.5%，則一袋 22 公斤的麵粉生產的生鮮麵條成本為每公斤 6.95 元，若水降低至 28% 時，則麵條每公斤的成本為　(1)11.94 元　(2)8.52 元　(3)7.61 元　(4)7.16 元。   4

( ) 11. 製作饅頭時，新鮮酵母每磅 40 元，速溶酵母每磅 120 元，若依發酵能力 3：1，以速溶酵母取代新鮮酵母，其他製程不變，則使用酵母成本為　(1) 新鮮酵母高　(2) 速溶酵母高　(3) 兩者相同　(4) 無法比較。   3

( ) 12. 鳳梨酥配方中，純奶油（含 100% 油脂）的用量為 240 公克，若改為人造奶油（含 80% 油脂），則用量為　(1)250 公克　(2)275 公克　(3)300 公克　(4)325 公克。   3

( ) 13. 某麵條廠自銀行借款 800,000 元，每月利率為 2.5%，半年後要還本利共　(1)900,000 元　(2)920,000 元　(3)930,000 元　(4)935,000 元。   2

( ) 14. 每個月餅烤熟之後為 180 公克，若烘焙損耗為 10%，則月餅烤焙之前的重量為　(1)195 公克　(2)200 公克　(3)205 公克　(4)210 公克。   2

( ) 15. 製作芝麻喜餅 4,800 個，要費時 8 小時，若欲製作 7,200 個時則需要　(1)9 小時　(2)10 小時　(3)11 小時　(4)12 小時。   4

( ) 16. 某喜餅生產工廠僱有行政工作人員 5 人，其薪資為該廠營運之固定成本，當該廠產量增加時，其薪資所佔之成本比例將　(1) 因屬固定成本所以不會改變　(2) 隨產量之增加而遞增　(3) 隨產量之增加而遞減　(4) 隨產量之增加而漸大於變動成本。   3

( ) 17. 在相同規格下，水分含量 15.0%，每袋 (22kg) 售價 450 元的麵粉，比水分含量 11.0%，每袋 (22kg) 售價 470 元的麵粉　(1) 便宜　(2) 貴　(3) 相同　(4) 水分與成本無關。   2

( ) 18. 若水餃皮佔每個水餃材料成本的 20%，當麵粉漲價 10% 時，在其他材料價格不變之下，水餃皮所佔的材料成本將升高為　(1) 高於 20% 但不到 22%　(2) 等於 22%　(3) 高於 22%　(4) 等於 30%。   1

( ) 19. 某中式麵食廠的直接人工成本為營收的 20%，該廠直接人工費用為每月（30 天計）60 萬元，在不使直接人工成本比例升高的每日最低產值應為　(1)2 萬元　(2)4 萬元　(3)8 萬元　(4)10 萬元。   4

( ) 20. 在相同售價下，生鮮麵條的加水率由 30% 提高至 35% 時，將可使最終產品的總營收增加 (1) 不到 0.5% (2) 超過 0.5% (3) 等於 5% (4) 超過 5%。　2

( ) 21. 若生鮮麵條的製成率為 100%，油麵的製成率為 160%，若一斤生鮮麵條可賣 30 元，一斤油麵可賣 25 元，則同樣一袋麵粉產製之營收 (1) 兩種麵條相等 (2) 油麵＞生鮮麵條 (3) 生鮮麵條＞油麵 (4) 配方不同無法比較。　2

( ) 22. 奶粉一磅 50 元，製作油皮蛋塔餡一批需使用奶粉 600 公克，其材料成本為 (1)12 元 (2)30 元 (3)60 元 (4)66 元。　4

( ) 23. 若製作饅頭之配方為 100%、水 47%、糖 5%、酵母 1%、白油 2%；如果每公斤麵粉可製作 15 個饅頭，在其他材料價格不變下，糖價由每台斤 24 元上漲 50%，則每個饅頭成本將增加 (1)0.04 元 (2)0.067 元 (3)0.133 元 (4)0.20 元。　2

( ) 24. 椰子粉一袋 2,700 元，製作椰蓉酥每批使用 600 公克則一袋可製作 15 批，設若每批多用 300 公克，則每批所耗用之椰子粉成本為 (1)90 元 (2)180 元 (3)270 元 (4)810 元。　3

( ) 25. 一袋麵粉 22 公斤可製成生鮮麵條 50 台斤，若每袋麵粉漲價 60 元，則每台斤麵條之材料成本增加 (1)1.2 元 (2)2.0 元 (3)2.7 元 (4)3.0 元。　1

( ) 26. 含糖量 2.8 公斤的糖漿每 5 公斤一桶，進價為 600 元；若改用每 5 公斤 300 元，含糖量為 25% 的糖漿，在糕漿麵食配方含糖量不變的情況下，每一產品的糖漿成本 (1) 相同 (2) 較便宜 (3) 較貴 (4) 下降一倍。　3

( ) 27. 某乾麵條廠的製程損耗率為 2%，損耗品無法銷售而全數攤提為成本，使得每公斤乾麵條的材料成本為 20 元，若該公司可將損耗率降為 1%，則材料成本將可降為 (1)10 元 (2)15 元 (3)18 元 (4)19.8 元。　4

( ) 28. 若廣式月餅每個成本含包材為 20 元，其中包裝材料佔 9%，如果包材價格上漲 10%，則其他材料成本所佔比率成為 (1)89.91% (2)90.01% (3)90.19% (4)91.01%。　3

( ) 29. 某糕餅廠的成本及利潤各佔營收的比例為：原材料佔 50%、直接人工 20%、間接人工 10%、電費 10%、毛利 10%；當其他費用不變而電費調漲 50% 時，其毛利率將下降為 (1)1% (2)5% (3)7.5% (4)9.5%。　2

( ) 30. 若純奶油含油脂為 100% 售價為每磅 160 元，製作鳳梨酥之配方中應 　4　
使用純奶油 255 公克，如果改用含油脂為 85% 售價為每磅 140 元的人
造奶油，則製作一批鳳梨酥之油脂成本的變動情形為　(1) 不變　(2) 減
20 元　(3) 減少 2.6 元　(4) 增加 2.6 元。

( ) 31. 若每袋麵粉可產製水餃皮 40 台斤，當麵粉價格每袋上漲 80 元，在配方 　14　
及其他材料價格不變下，水餃皮的成本變動為　(1) 每公斤增加 3.33 元
(2) 每公斤增加 2 元　(3) 每台斤增加 3.33 元　(4) 每台斤增加 2 元。

( ) 32. 若每公斤麵粉可製作蔥油餅 17 個，每個蔥油餅需用 10 公克青蔥，當蔥 　124　
價由每台斤 50 元漲至 150 元時，其造成蔥油餅的成本變動為　(1) 每公
斤麵粉所產製的蔥油餅成本增加 28.22 元　(2) 每個蔥油餅增加 1.66 元
(3) 每個蔥油餅增加 1 元　(4) 每袋麵粉（22 公斤）所產製的蔥油餅成
本增加 621 元。

( ) 33. 製作龍鳳喜餅 600 個，二位師父耗時 6 小時，若師父之工資為每人時薪 　123　
200 元；今接獲一訂單需生產 900 個，則　(1) 二位師父需耗時 9 小時　(2)
三位師父需耗時 6 小時　(3) 每個喜餅的人工成本仍維持為 4 元　(4) 多
一位師父就會使每個喜餅的成本增加 2 元。

( ) 34. 某乾麵條廠自銀行借款 1,000,000 元，年利率為 2.4%，其每月產製乾麵 　24　
條 1,000 公斤，則此一借款利息於其產品的資金成本為　(1) 每公斤麵
條 20 元　(2) 每公斤麵條 2 元　(3) 每公斤麵條 2.4 元　(4) 每包 250 公
克麵條 0.5 元。

( ) 35. 某燒餅店僱用員工 2 人，每人日薪 800 元，每天總共生產 1,000 個燒餅， 　234　
每個燒餅售價 15 元，則該店的直接人工成本為　(1) 每個燒餅負擔 8 元
(2) 佔總營收的 10.66%　(3) 每個月 48,000 元　(4) 每個燒餅負擔 1.6 元。

( ) 36. 某太陽餅工廠每天作業 8 小時，共可產製太陽餅 1,600 個，每 10 個 　1234　
裝一盒；該工廠之電力裝置設備共 30kw（瓩），且平均電力負載為
70%，若每度電費為 3.2 元，則其平均電力成本為　(1) 每天 537.6 元
(2) 每 20 盒太陽餅負擔 67.2 元　(3) 每個太陽餅負擔 0.336 元　(4) 每盒
太陽餅負擔 3.36 元。

( ) 37. 製作黑糖糕一批，耗用樹薯澱粉 5 公斤，總共產製 100 個，當樹薯澱粉 　24　
由每包（20 公斤）350 元漲價 20%，在其他材料成本不變之下，黑糖
糕的材料成本變動為　(1) 每製作一批黑糖糕增加 70 元　(2) 每個黑糖
糕增加 0.175 元　(3) 每個黑糖糕增加 1.75 元　(4) 每製作一批黑糖糕增
加 17.5 元。

( ) 38. 製作酥皮蛋塔一批，耗用每磅 100 元的奶粉 2 台斤，若奶粉價格降至 80 元一磅，則其使蛋塔的成本變動為　(1) 每製作一批蛋塔其成本降低約 53 元　(2) 每製作一批蛋塔其成本降低約 20 元　(3) 每製作一批蛋塔的奶粉成本約為 212 元　(4) 每台斤奶粉價格降低約 26.5 元。 ……134

( ) 39. 某油條店每天消耗油炸油 10 台斤，麵粉兩包；油炸油的價格為一桶（18 公斤）720 元，則其油炸油所佔成本為　(1) 每天 400 元　(2) 平均使用一袋麵粉製作油條耗用 120 元油炸油　(3) 每天 120 元　(4) 每天 240 元。 ……24

( ) 40. 某包子店每天營收 20,000 元，而其蒸炊的能源費用為營收的 3%；當其將蒸炊能源由電力改為燃油，則能源費用為原來的一半，故其蒸炊能源費用為　(1) 燃油費用為每天 300 元　(2) 每個月（30 天）的電力費用為 18,000 元　(3) 每個月（30 天）的燃油費用為 900 元　(4) 每天電力費用 60 元。 ……12

( ) 41. 老婆餅不加包裝每個售價 20 元，毛利為售價的 20%，若個別包裝後再裝盒，則每盒 10 個售價 250 元（含包裝成本 50 元）；今逢促銷季，盒裝一律打 9 折出售，則此時盒裝的毛利為　(1) 平均每個老婆餅 4 元　(2) 每盒 25 元　(3) 每盒 15 元　(4) 促銷價的 6.7%。 ……34

( ) 42. 夾心鹹蛋糕店每天生產 150 盒，耗用雞蛋 40 台斤，當雞蛋價格由每台斤 30 元上漲 15%，則由雞蛋所造成的成本或獲利變動為　(1) 每盒蛋糕增加 1.2 元成本　(2) 每天獲利減少 180 元　(3) 每台斤雞蛋上漲 4.5 元　(4) 每天成本因而增加 150 元。 ……123

( ) 43. 每袋麵粉 22 公斤可產製銀絲捲 352 個，每個售價 10 元，若將 22 公斤一袋 440 元的麵粉更換為 25 公斤一袋售價 600 元的麵粉，則其所造成的成本及獲利變動為　(1) 每個銀絲捲成本增加 0.25 元　(2) 一袋麵粉的產品營收變為 4,000 元　(3) 每公斤麵粉的營收皆為 160 元　(4) 每公斤麵粉貴了 4 元。 ……1234

( ) 44. 因使用不同麵粉而加水率提高，使新鮮麵條製成量由每袋麵粉製成 48 台斤增加為 52 台斤，若麵條售價為每台斤 30 元，在麵粉價格相同之下，其成本與營收之變動為　(1) 每台斤麵條的成本相對降低　(2) 每袋麵粉的營收可增加 120 元　(3) 每公斤麵條成本降了 2.3 元　(4) 每袋麵粉的總營收增加為 1440 元。 ……12

( ) 45. 每公斤麵粉可產製花捲 15 個，每個花捲材料成本為 5 元；今欲將其每個花捲重量增加，使每公斤麵粉僅產製 12 個，則其成本之變動為 (1) 使用每公斤麵粉產製成本增加 15 元 (2) 每個花捲成本因而增加 1.25 元 (3) 使用每公斤麵粉的產製成本不變 (4) 每個花捲成本因而減少 1.25 元。

MEMO

MEMO

MEMO

國家圖書館出版品預行編目資料

中式麵食加工乙級技能檢定學/術科教戰指南/王俊勝,
蔡明燕, 吳佩霖編著.-- 初版. --新北市:新文京開發,
2020.09
　　面；　　公分

ISBN　978-986-430-670-1（平裝）

1. 麵食食譜　2. 點心食譜　3. 考試指南

427.38　　　　　　　　　　　　　　　　109014045

中式麵食加工乙級技能檢定－
學／術科教戰指南
（書號：HT46）

編 著 者	蔡明燕　王俊勝　吳森澤　吳佩霖
出 版 者	新文京開發出版股份有限公司
地　　址	新北市中和區中山路二段 362 號 9 樓
電　　話	(02) 2244-8188（代表號）
Ｆ Ａ Ｘ	(02) 2244-8189
郵　　撥	1958730-2
初　　版	西元 2021 年 07 月 15 日

New Wun Ching Developmental Publishing Co., Ltd.

New Age · New Choice · The Best Selected Educational Publications — NEW WCDP

新文京開發出版股份有限公司
NEW
WCDP   新世紀・新視野・新文京 — 精選教科書・考試用書・專業參考書